青少年 科普图书馆

"玩转科学"系列

追求极速之外的美丽

——探索激光世界

总 主 编 杨广军
副总主编 朱焯炜 章振华 张兴娟
胡 俊 黄晓春 徐永存
本册主编 朱焯炜
副 主 编 卞宝安 肖 寒

上海科学普及出版社

图书在版编目（CIP）数据

追求极速之外的美丽：探索激光世界/朱焯炜主编.—上海：
上海科学普及出版社，2011.1(2023.6重印)
(玩转科学系列/杨广军主编)
ISBN 978-7-5427-4606-1

Ⅰ.①追…　Ⅱ.①朱…　Ⅲ.①激光—普及读物　Ⅳ.①TN24-49

中国版本图书馆 CIP 数据核字(2010)第 141007 号

组　　稿　胡名正　徐丽萍
责任编辑　刘湘雯

"玩转科学"系列
追求极速之外的美丽
——探索激光世界
总主编　杨广军
副总主编　朱焯炜　章振华　张兴娟
胡　俊　黄晓春　徐永存
本册主编　朱焯炜
副主编　卞安宝　肖　寒
上海科学普及出版社出版发行
(上海中山北路 832 号　邮政编码 200070)
http://www.pspsh.com

各地新华书店经销　　北京一鑫印务有限责任公司印刷
开本 787×1092　1/16　印张 15　字数 230 000
2011 年 1 月第 1 版　　2023年 6月第 4 次印刷

ISBN 978-7-5427-4606-1　　定价：48.00 元

卷首语

激光是20世纪中叶以后发展起来的一门新兴科学技术。它是现代物理学的一项重大成果，是量子理论、无线电电子学、微波波谱学以及固体物理学的综合产物，也是科学与技术、理论与实践紧密结合产生的灿烂成果。

激光科学从它的孕育到初创到发展，凝聚了众多科学家的创造与智慧。让我们一起，感悟科学家的探索精神，沿着科学家的探索路径，学习科学家的探索方法，一起去欣赏、去品味美丽的激光世界吧……

目 录

光能使者——从光子谈起

激情四射——激光的工业革命

方便快捷——激光的生活应用

制胜奇兵——激光的医学与军事应用

目　录

光能使者

——从光子谈起

激光素有神奇光之称。如今，你只要稍加留意，就会发现激光就在我们身边：激光唱机的动听乐曲不断回荡在楼宇之间；激光影碟机悄然走进了千家万户；商场里商品贴的是激光防伪标志；激光照排则包揽了所有的报刊杂志。我们远隔千里就可以同亲人朋友通话，也是激光的功劳，因为光纤传送的正是激光。激光雕刻细致入微，精确无比……

这神奇的激光究竟是什么？是什么造就了它的特殊“才能”？激光的本质是什么？在这一篇中，为你一一道来。

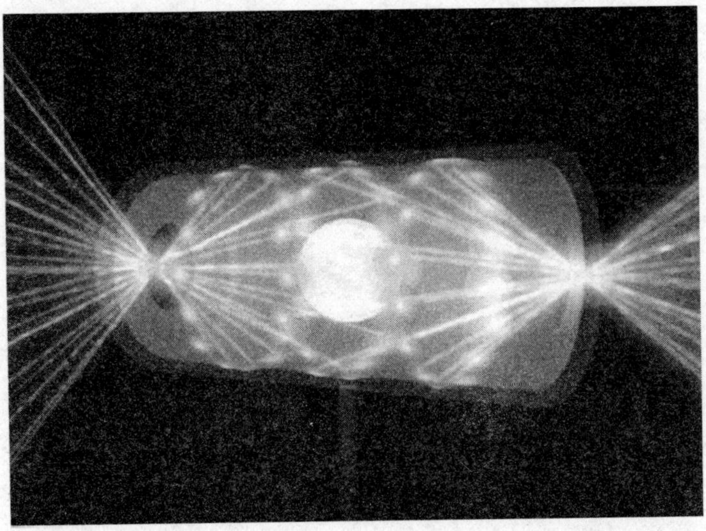

追本溯源
——普通而又特殊的光

当你在舞厅中跳舞时；当你在打印你的文章时；当你了解到科学家通过卫星发回的数据对宇宙有了新的发现时……你是否想过这些现象中是谁在起着巨大的作用？

◆激光在日常生活中无处不在

当你在电视上看到美国科幻大片中使用的激光武器时你可曾想到：激光真的有这么大的能量吗？当你去工厂看到激光切割钢铁时，你就毫不怀疑它的能力了。

激光是什么东西？它和普通的光有什么共同点和不同点？那么，还等什么呢，让我们去看个究竟吧！

激光不同于普通光

◆闪烁的烛光

激光与普通的阳光、烛光、荧光、灯光发出的光不一样。我们平常见到的一般光源：（如电灯）发出的光是向各个方向辐射并随着传播距离的增加而逐渐衰减的，只能照射一定的距离。这些光源有很多的发光点，各个发光点不能保持统一的步伐。这些光源就如同一些散

◆太阳光

兵游勇，一到战场上，就四面逃窜，没什么战斗力。

而激光就好像是一支纪律严明的部队，一声令下，斗志昂扬的士兵，行动一致，保持整齐的队形，向指定的目标前进。因而有极强的战斗力。这就是为什么许多事情激光能做，而阳光、灯光、烛光等不能做的原因。

激光的本质——电磁波

激光是电磁波。我们能看见它是因为部分激光属于可见光，也就是说，人的眼睛的感光细胞能够感觉到这个波段的电磁辐射的能量，并把它转变成图像传给大脑。

当然，并不是所有的激光都是可见的，只有波长在400至800纳米之间的激光才能被人所感知。

——小贴士

◆正是有了赫兹发现的电磁波，才有了我们今天丰富多彩的生活

1864 年，英国科学家麦克斯韦在总结前人研究电磁现象的基础上，建立了完整的电磁波理论。他断定电磁波的存在，推导出电磁波与光具有同样的传播速度。1887 年德国物理学家赫兹用实验证实了电磁波的存在。之后，人们又进行了许多实验，不仅证明光是一种电磁波，而且发现了更多形式的电磁波，它们的本质完全相同，只是波长和频率有很大的差别。按照波长或频率的顺序把这些电磁波排列起来，就是电磁波谱。如果把每个波段的频率由低至高依次排列的话，它们是无线电波、微波、红外线、可见光、紫外线、X 射线及 r 射线。这中间只有可见光是人们可以感知的。

知 识 窗

电场与磁场的统一

电磁波是电磁场的一种运动形态。电可以生成磁，磁也能带来电，变化的电场和变化的磁场构成了一个不可分离的统一的场，这就是电磁场，而变化的电磁场在空间的传播形成了电磁波，所以电磁波也常称为电波。

电磁波的频率范围很广。无线电波、光波、X 射线、射线，都是电磁波。其中，可以看见的光波——可见光，只是电磁波中的一小部分。按电磁波的波长或频率大小的顺序把它们排列成谱，叫做电磁波谱。电磁波是一个很大的家族。有的电磁波的波长很长，例如无线电波；有的电磁波的波长很短，例如 X 射线。正是由于不同电磁波具有不同的波长（频率），才有了不同的物理特性。

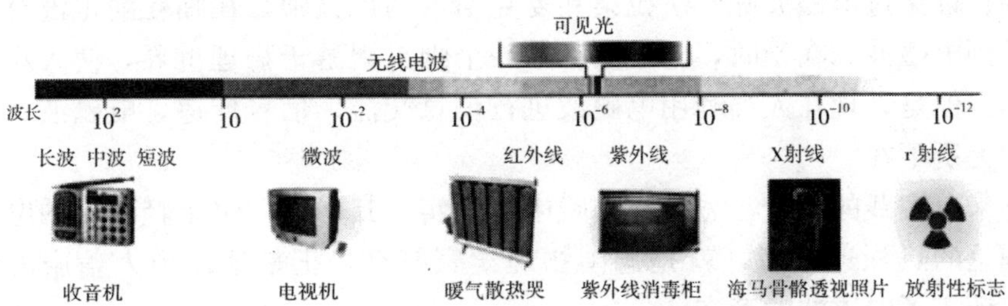

◆电磁波谱

名人介绍：伟大的麦克斯韦

◆英国物理学家——麦克斯韦

詹姆斯·克拉克·麦克斯韦是19世纪伟大的英国物理学家、数学家。1831年11月13日生于苏格兰的爱丁堡，自幼聪颖。1865系统地总结他的关于电磁学的研究成果，完成了电磁场理论的经典巨著《论电和磁》，1871年受聘为剑桥大学新设立的卡文迪什物理学教授，负责筹建著名的卡文迪什实验室，1874年建成后担任这个实验室的第一任主任，直到1879年11月5日在剑桥逝世。

麦克斯韦是继法拉第之后，集电磁学大成的伟大科学家。他依据前人的一系列发现和实验成果，第一个建立了完整的电磁理论体系，不仅科学地预言了电磁波的存在，而且揭示了光、电、磁现象的本质的统一性，完成了物理学的又一次大综合。

“不可能错过你”——“捕捉”电磁波

麦克斯韦提出的新学说在当时很少有人承认，对电磁理论持怀疑态度的人振振有词地质问道：“谁见过电磁波？它是什么模样，拿出来瞧瞧”。是啊！谁见过电磁波呢？法拉第和麦克斯韦两位大师，在临死前也没有亲眼见到电磁波。在当时，电磁波犹如一个幽灵周游于物理世界，使人难以捉摸。但是，现在人类利用电磁波进行信息交流、信号传递，电磁波在生活中无所不在。

来自实践的理论，总会在实践中被证实。其中，一位年轻有为的电磁场理论的热烈追求者，就是德国物理学家赫兹，正是他以令人信服的实验，证实了电磁波的存在。

赫兹根据麦克斯韦理论精心地设计了一套简单的实验装置，如图所示，有两个相当光亮的铜球，两铜球之间有个很小的空气缝隙。两个球分

◆令人兴奋的电火花

别连接到一个感应线圈上，这个感应线圈是由初级线圈和次级线圈构成的变压器，由于次级线圈的匝数远比初级线圈的匝数多得多，因此这个变压器能把低电压变换成非常高的电压。初级线圈的两端接在莱顿电瓶上并由电键控制其通断。变压器的次级线圈的两端就接在两个铜球上。当两球间的感应电压足够高时，铜球之间的空气层被击穿，于是出现火花放电现象。结果，一个球上的电荷移到了另一个球上，因而在第二个球上的电荷有了剩余。此时，紧接着又向相反方向发出第二次放电，电荷重又转移到第一个球上……如此往返不已。如果麦克斯韦的理论正确，在两球之间作前后往返振荡的电荷会激励起电磁波，并向外传播。也就是说，在离上述装置有一段距离的地方应该能检测到它发出的、而人眼又看不到的电磁波。

实验：验证电磁波的存在

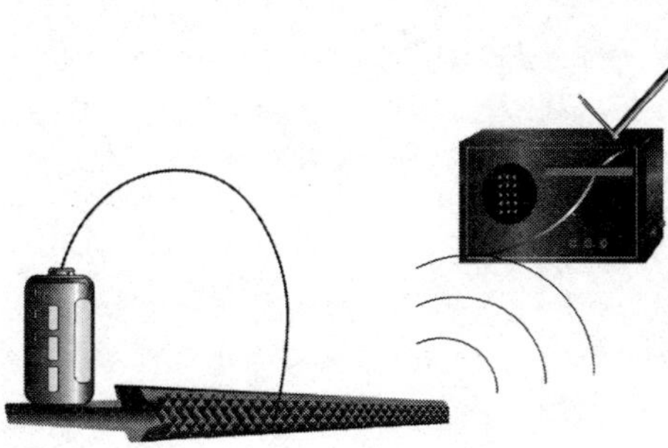

◆电磁波的发送

打开收音机的开关，将旋钮调到没有电台的位置，并将音量开大。取一节旧的干电池和一根导线，靠近收音机，将导线的一端与电池的一极相连，再用导线的另一端与电池的另一极时断时续地接触，会听到收音机发出“咔咔”声，这一现象验证了电磁波的存在。

拓展思考

1. 注意观察你身边的事物，哪些与激光有关？你能列举出几种呢？
2. 激光与普通的光有什么区别？
3. 激光的本质是什么？
4. 你能说说麦克斯韦对物理学的贡献是什么吗？

运动着的精灵——光子

我们每天都会看到各类事物，从早上起床那一刻到晚上睡觉都是如此。通过光我们看周围的一切：欣赏孩子的蜡笔画、精美的油画、曲线玲珑的计算机绘图、炫目的日落、湛蓝的天空，还有流星和彩虹。我们靠镜子照出自己，用闪耀的宝石表达爱意。但你是否曾经静下来想过，当我们看到这些东西时，我们并没有或无需与之直接接触。事实上，我们看到的是光——以某种方式离开或远或近的物体、到达人眼的光。只有光才是人眼真正能看到的东西。本文将从多个不同角度介绍光，让你确切了解光的原理！

光子是如何产生的?

我们在日常生活中看到的都是光源产生的无数光子从物体上反射而成的物体的像。如果现在环视四周，你可能就会发现，室内有产生光子的光源，而室内的物体则会反射这些光子。人眼会吸收室内流动的一些光子，这样你就看见了物体。

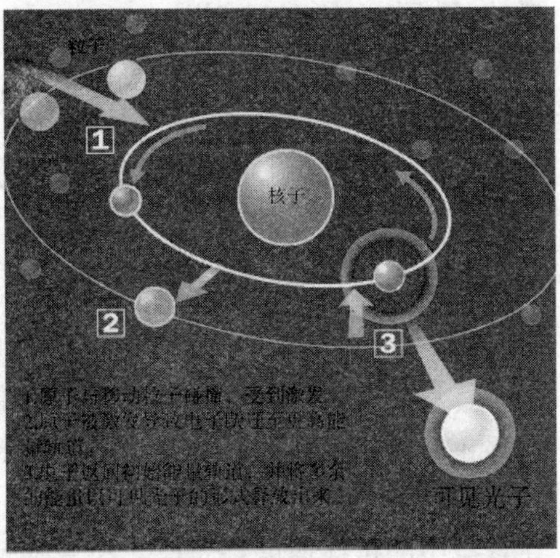

◆原子发光原理

有很多种不同的方式可以产生光子，但所有这些方式都是利用原子内的相同机制来达到目的，这种机制涉及激发围绕每个原子核运转的电子。从核辐射的揭秘中就较为详细地介绍了质子、中子和电子。

电子以固定轨道绕核子环行，以一种简化的方式想，就像卫星绕地球运转那样。每个电子都占据一个自然轨道，但如果激发原子，就能将其电子移至更高的轨道。每当电子从更高的轨道返回正常轨道时，就会产生光子。在从高能量返回正常能量的过程中，电子会散发具有特殊特征的光子，即一个能量包。

原 理 介 绍

光源的发光机制

荧光灯管、激光器、萤火虫用不同的技术产生光子。在白炽光源中，如普通灯泡或汽灯，原子是受热激发；而在荧光棒中，原子是受化学反应激发。在下一部分，我们将会发现荧光灯激发原子的系统是其中最精细的系统之一。

发射出的光的波长取决于释放能量的多少，而能量又是由电子的具体位置决定的。因此，不同种类的原子会释放不同种类的光子。也就是说，光的颜色是由被激发的原子的种类决定的。

在很多工厂可以看到钠蒸汽灯。之所以能看出，是因为它的颜色看上去很黄。钠蒸汽灯会激发钠原子，从而产生光子。

携带能量的粒子——光子

光子是光线中携带能量的粒子。一个光子能量的多少与波长相关，波长越短，能量越高。其原始称呼是光量子。其静止质量为零，不带电荷。光子具有能量，也具有动量，更具有质量。光子由于无法静止，所以它没有静止质量，这儿的质量是光子的相对论质量。光子是传递电磁相互作用的基本粒子。与大多数基本粒子相比，光子的静止质量为零，这意味着其在真空中的传播速度是光速。与其他量子一样，光子具有波粒二像性：光子能够表现出经典波的折射、干涉、衍射等性质；而光子的粒子性则表现为和物质相互作用时不像经典的粒子那样可以传递任意值的能量，光子只能传递量子化的能量。

小知识

单个光子携带的能量约为 4×10^{-19} 焦耳，足以激发起眼睛上感光细胞的一个分子，从而引起视觉。

偶然发现——光电效应

当一束光照射在一块金属或其他物体的表面时，物体的表面就有电子逸出，也就是说出现了电的现象。光电效应就是由光产生电的效应，也称作光生电子效应，或光生伏特效应。

光电效应现象是德国物理学家赫兹在一个论证电磁波的实验中偶然发现的。

名人介绍：德国物理学家——赫兹

◆德国物理学家——赫兹

赫兹生于汉堡，早在少年时代就被光学和力学实验所吸引。赫兹最伟大的贡献是通过实验证实了电磁波的存在，为了纪念他的功绩，人们用他的名字来命名各种波动频率的单位，简称“赫”。赫兹发现光电效应纯属意外，也可以说是上帝对他长期从事实验活动的奖赏吧。但是，赫兹英年早逝，最终也没有能够亲自解释自己的发现，实属遗憾。赫兹去世以后，他的助手勒纳德对光电现象继续进行实验研究，并且取得了重要进展。勒纳德发现，逸出电子的速度与光强无关，而只与光频率有关，并且存在一个频率下限，低于这个频率时，就不能发生光电效应。

勒那德虽然发现了光电效应与照射的光的频率之间的关系，但没能解释清楚为什么会这样。1905年，在瑞士的伯尔尼专利局，一位26岁的小公务员，三等技师职称，留着一头乱蓬蓬头发的年轻人把他的思绪在光电效应这个问题上停留了一下。这个年轻人的名字是阿尔波特·爱因斯坦，他发表了一篇名为《关于光的产生和转化的一个启发性观点》的文章，这篇文章在普朗克的能量量子化观点的基础上，提出了一个全新的理论——光量子论（爱因斯坦把组成辐射的能量子称为“光量子”，1926年之后被改称为“光子”）。光电子论可以很好地解释光电效应：当光照射在金属表面上时，只要光量子具有足够的能量，就会有电子逸出，这就是光电效应。因为对光电效应现象作出了令人信服的解释，爱因斯坦荣获了1921年度诺贝尔物理学奖。

◆著名物理学家——爱因斯坦

相对论是爱因斯坦提出的著名理论，但是他并没有因为这个著名理论而获得诺贝尔物理学奖。

重新确定光子静止质量上限

华中科技大学罗俊教授重新确定光子静止质量上限，有业内人士认为：光子静止质量为零是经典电磁理论的基本假设之一。但有些科学家则认为，光子可能有静止质量。如果实验最终检测到光子存在静止质量，那么有些经典理论将要有所变化。

◆华中科大罗俊教授

在 2003 年 2 月 28 日出版的美国《物理学评论快报》上，有专文介绍说：“一项由中国科学家罗俊等完成的新的实验表明，在任何情况下，光子的静止质量都不会超过 10^{-54} 千克，这一结果是之前已知的光子质量上限的 1/20。”罗俊和他的同事通过一种新颖的实验方法，在一个山洞实验室里将光子静止质量的上限，进一步提高了至少一个数量级。

如何捕捉光电子?

对单个光子的探测可用多种方法。光电倍增管（PMT）是一种把光变成电流的装置。光电倍增管有一个对光敏感的阴极，它发射的电子数目与

万 花 筒

不可想象的后果

如果光子存在静止质量，虽然不会影响到人们的日常生活，但其产生的后果将是根本性的——例如，光速将随波长的改变而变化，并且光波将像声波一样能够产生纵向振动。

撞击到其上面的光子数量成正比。这些电子被加速运行后撞击到下一级，并引起 3 到 6 个二次电子的发射。除此之外，还有电荷耦合元件（CCD），它应用半导体中类似的效应，入射的光子在一个微型电容器上激发出电子从而可被探测到，目前 CCD 技术已经广泛应用在数码照相中。其他的探测器，例如盖革计数器，它利用光子能够电离气体分子的性质，从而在导体中形成可检测的电流。

点　击

由于要测量的电流非常弱，所以用光电倍增管测量光的应用工作通常需要使用皮安计。

动动手：做光电效应实验

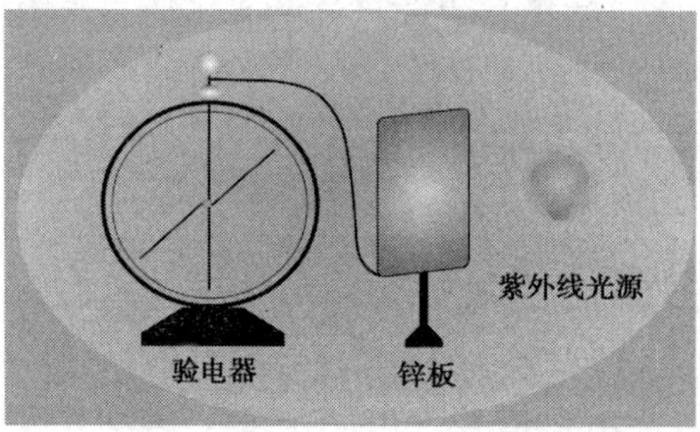

◆光电效应

准备验电器一个，带绝缘支架的锌板一块，可调电压的电源一个，紫外线灯一个，导线若干。用导线将锌板与验电器的顶端连接。接通紫外灯的电源，调控电源电压，注意观察当灯的实际功率不同时，验电器的张角有什么现象出现。实验中，我们可以看到，不管紫外灯的亮度如何，验电器的张角都一样。这说明产生光电效应的条件是和入射光的频率有关，而与入射光的强度无关。

拓展思考

1. 你知道日常生活中见到的光是由什么组成的吗？

2. 光子是如何产生的？它有什么特点？

3. 伟大的科学家爱因斯坦对光学的贡献是什么？

4. 如果有条件，可以动手做一做光电效应实验。从这个实验中你可以得到什么启示？

能级的台阶
——原子的跃迁

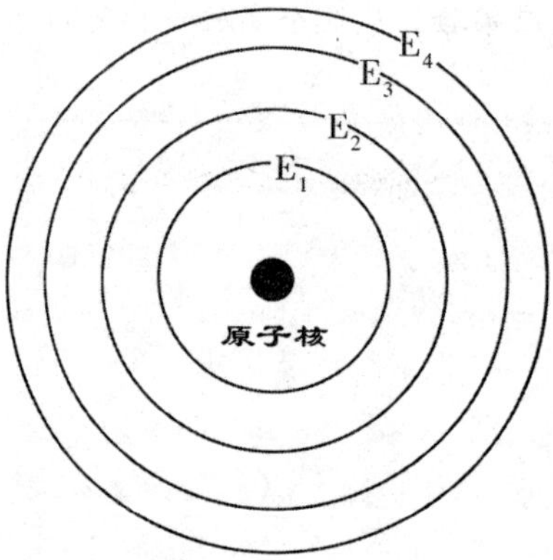

◆电子是有能级的

相信激光这名词对大家来说一点也不陌生。在日常生活中，我们常常接触到激光，例如在课堂上我们所用的激光指示器，以及在电脑或音响组合中用来读取光碟资料的光碟机等等。在工业上，激光常用于切割或微细加工。在军事上，激光被用来拦截导弹。科学家也利用激光非常准确地测量了地球和月球的距离，涉及的误差只有几厘米。激光的用途那么广泛，究竟它是如何产生的呢？以下我们将会阐释激光的基本原理。

物质的微观世界

物质由原子组成。图中是一个碳原子的示意图。原子的中心是原子核，由质子和中子组成。质子带有正电荷，中子则不带电。原子的外围分布着带负电的电子，绕着原子核运动。有趣的是，电子在原子中的能量并不是任意的。为了简单起见，我们可以如图所示，把这些能阶想象成一些绕着原子核的轨道，距离原子核越

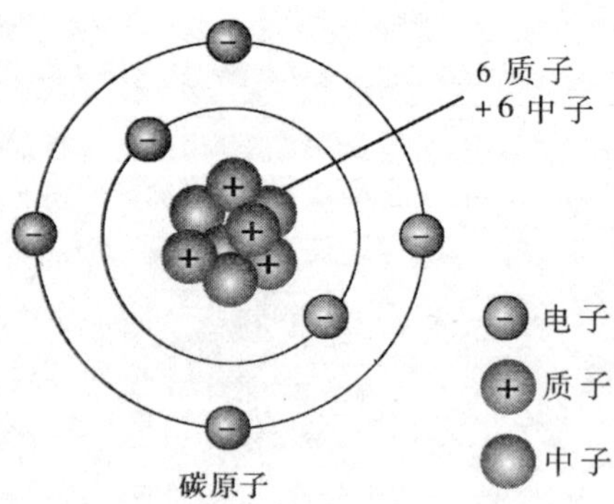

◆碳原子的微观结构

远的轨道能量越高。此外，不同轨道最多可容纳的电子数目也不同，例如最低的轨道（也是最近原子核的轨道）最多只可容纳 2 个电子，较高的轨道则可容纳 8 个电子等等。事实上，这个过分简化了的模型并不是完全正确的，但它足以帮助我们说明激光的基本原理。

名人介绍：原子物理学之父——卢瑟福

原子模型最早是由汤姆森所提出的“枣糕模型”。而上述这种正确的原子模型是 1911 年由英国科学家卢瑟福提出的。紧接着，1913 年，丹麦物理学家玻尔提出了原子只能处于由不连续能级表征的一系列状态——定态上。卢瑟福是英国物理学家，1871 年 8 月 30 日生于新西兰纳尔逊的一个手工业工人家庭，在放射性和原子结构等方面，都做出了重大的贡献。他带领研究的 α 粒子散射实验，论证了原子的核模型，一举把原子结构的研究引上了正确的轨道，被誉为原子物理学之父，1925 年当选为英国皇家学会主席。

◆英国物理学家——卢瑟福

等级“社会”——能级的跃迁

原子是以一系列能级不同的状态存在的。高能级的原子跃迁至低能级时，会以辐射的形式把多余的能量放出来，这被称为“自发辐射”。普通光源发出的光主要是自发辐射。1917 年，物理学家爱因斯坦提出了“原子受激辐射”的概念：处于激发态的原子在其他某种作用下（例如光照）也可引起原子跃迁，原子受激发光。这一概念为激光器的诞生奠定了理论基础。

科技链接

描述微观世界的量子力学告诉我们，这些电子会处于一些固定的能级，不同的能级对应于不同的电子能量。

电子可以通过吸收或释放能量从一个能阶跃迁至另一个能阶。例如当电子吸收了一个光子时，它便可能从一个较低的能阶跃迁至一个较高的能阶（图 a)。同样地，一个位于高能阶的电子也会通过发射一个光子而跃迁至较低的能阶（图 b)。在这些过程中，电子吸收或释放的光子能量总是与这两个能阶的能量差相等。由于光子能量决定了光的波长，因此，吸收或释放的光具有固定的颜色。

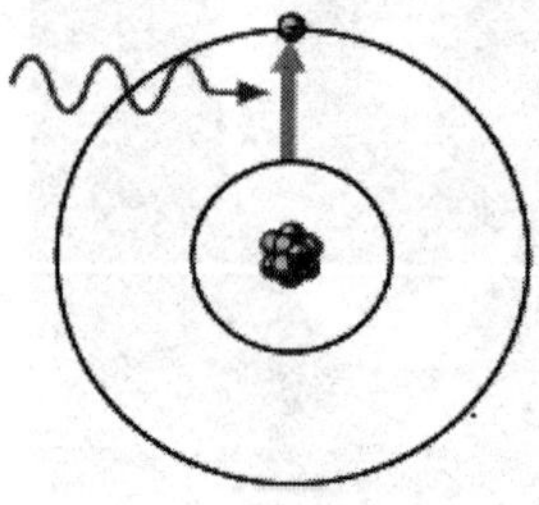
自发吸收
图a

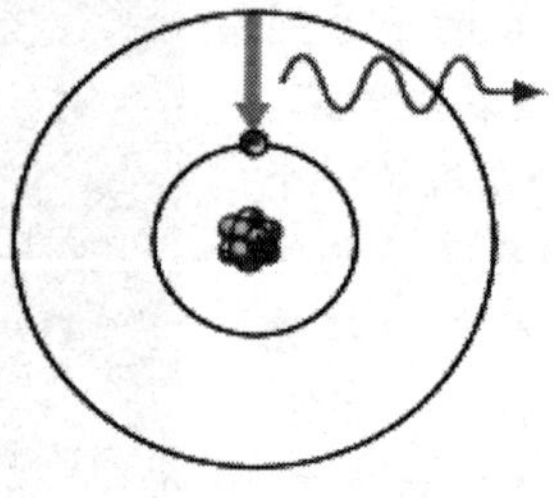
自发辐射
图b

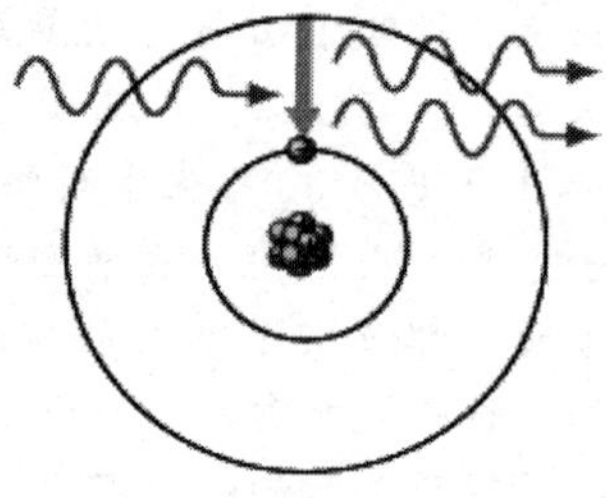
受激辐射
图c

◆原子内电子的跃迁过程

知 识 窗

基态与激发态

当原子内所有电子处于可能的最低能阶时，整个原子的能量最低，我们称原子处于基态。前面给出的碳原子微观结构图显示了碳原子处于基态时电子的排列状况。当一个或多个电子处于较高的能阶时，我们称原子处于受激态。

前面说过，电子可通过吸收或释放能量在能阶之间跃迁。跃迁又可分为三种形式。自发吸收：电子通过吸收光子从低能阶跃迁到高能阶（图 a）。自发辐射：电子自发地通过释放光子从高能阶跃迁到较低能阶（图 b）。受激辐射：光子射入物质诱发电子从高能阶跃迁到低能阶，并释放光子。入射光子与释放的光子有相同的波长和相，此波长对应于两个能阶的能量差。一个光子诱发一个原子发射一个光子，最后就变成两个相同的光子（图 c）。我们可以通俗地用这样的现象来理解受激辐射跃迁：每天清晨，总有一只公鸡开始啼叫，而其余的公鸡受到刺激也会跟着叫起来，从而形成优美雄壮的大合唱。这跟原子受激辐射发光的过程很相似。

拓展思考

1. 原子的跃迁会产生怎样的结果？
2. 原子模型最早是由谁提出的？他提出的是一个什么样的模型？

伟大的先驱者
——玻尔与爱因斯坦

◆玻尔和爱因斯坦在一起讨论学术问题

任何成功都不是偶然的，都是由量变到质变的飞跃。牛顿曾经说过，我之所以会成功，是因为我站在巨人的肩膀上。回顾激光发展的历史，何尝又不是这样呢？如果没有玻尔提出的“能级理论”，没有爱因斯坦提出的“受激辐射”理论，又怎么会有若干年后的第一台红宝石激光器的发明。朋友们，你们必须明白，任何实验的发明创造都是建立在扎实的理论基础之上的。所以你们应该从现在起好好学习，将来定能做出一些伟大的成绩。好了，现在，让我们插上时间的翅膀，一同回顾伟大物理学家催人振奋的往事吧。

玻尔的贡献——激光理论的核心

◆丹麦物理学家——玻尔

玻尔，丹麦物理学家，哥本哈根学派的创始人。1885 年 10 月 7 日生于哥本哈根，1913 年玻尔就提出了阐明原子结构的著名的“玻尔理论”，1916 年被任命为哥本哈根大学理论物理教授。丹麦物理学家玻尔提出了原子只能处于由不连续能级表征的一系列状态——定态上。这与宏观世界中的情况大不相同。人造卫星绕地球旋转时，可以位于任意的轨道上，也就是说可具有任意的连续变化的能量。而电子在绕核运动时，却只能处于某些特定的轨道上。从而原子的内能不能连续地改变，而是一级一级地分开的，这样的级就称为原子的能级。不同的原子具有不同的能级结构。一个原子中最低的能级称为基态，其余的称为高能态，或激发态。原子从高能态过渡到低能态时，会向外发射某个频率的辐射。反之，某原子吸收一定频率的辐射时，就会从低能态过渡到高能态。这正是激光理论的核心基础。

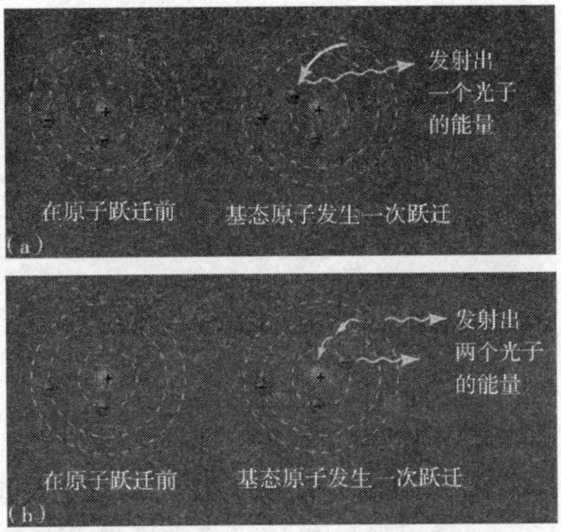

◆能级跃迁示意

在一个原子体系中，总有些原子处于高能级，有些处于低能级。而自发辐射产生的光子既可以去刺激高能级的原子使它产生受激辐射，也可能被低能级的原子吸收而造成受激吸收。因此，在光和原子体系的相互作用中，自发辐射、受激辐射和受激吸收总是同时存在的。

爱因斯坦——受激辐射理论

◆光的受激放大

激光的物理基础是受激辐射。简单地说，激光就是由受激辐射所产生的光。它基于伟大的物理学家爱因斯坦在 1917 年提出的一套关于光辐射与原子相互作用的理论。在前一专题中，我们已经初步认识了“受激辐射”的概念。即受激辐射指在能量相应于两个能级差的外来光子作用下，会诱导处在高能态的原子向低能态跃迁，同时发射出能量相同的光子。如果想获得越来越强的光，也就是说产生越来越多的光子，就必须使受激辐射产生的光子多于受激吸收所吸收的光子。若位于高能级的原子远远多于位于低能级的原子，我们就得到被高度放大的光。

爱因斯坦虽然论述了辐射的两种形式：自发辐射和受激辐射，不过他并没有想到利用受激辐射来实现光的放大。因此在爱因斯坦提出受激辐射理论的许多年内，这个理论并没有太多应用，仅仅局限于理论上讨论光的散射、折射、色散和吸收等过程。

名人名言

爱因斯坦的名言

爱因斯坦在1919年与儿子埃德瓦的谈话中说：“当一只甲虫在一根弯曲的树枝上爬行的时候，它并没有觉察到这根树枝是弯曲的。我有幸觉察到了甲虫没有觉察到的东西。”这便是爱因斯坦的科学之旅。

名人介绍：20世纪最伟大的科学家

◆美籍德国科学家爱因斯坦

爱因斯坦，著名理论物理学家，相对论的创立者，1921年诺贝尔物理学奖获得者。从19世纪中叶以来，物理学的发展把天文学推到了一个新的阶段。以爱因斯坦为代表的新一代物理学家，创立了相对论和量子力学，使天文学产生了巨大的飞跃，在20世纪初开始了现代天文学的进展。20世纪初，一位叫做阿尔伯特·爱因斯坦的德国小职员提出了两个相对论——狭义相对论（1905年）和广义相对论（1916年）。在精确周密的挑战性论证中，他阐述了质量和能量的等价，并提出了时间是弯曲的。爱因斯坦对事物不满足于现在的结论，不墨守陈规。这正是使他成为自然科学伟大革新家的最可贵的品质。

拓展思考

1. 丹麦物理学家玻尔对光学的贡献是什么?

2. 爱因斯坦提出了哪两个相对论?

3. 爱因斯坦论述了辐射的哪两种形式?

4. 你听说过爱因斯坦的故事吗? 通过课外阅读认识一下这位伟大的科学家吧。

不可或缺的条件——光学谐振腔

◆氩离子激光器

前面我们讲到，要产生激光必须要受激辐射和位于高能级的原子远远多于位于低能级的原子（即粒子数反转）。但是不是满足这两个条件就能够产生激光？答案是否定的。前面所讲的受激辐射是产生激光的一个重要条件，但还不是充分条件。那么，如何才能产生激光呢？激光发射大量的光子，但要形成强大的能量，就不能让光子一个一个地发射出来。就好像要获得强大的水势能，我们需修建水库一样。在原子中，水库就相当一个（下面将介绍的）亚稳态能级。要形成激光，工作物质必须具有亚稳态能级，这是产生激光的第三个条件。除此之外，它还需要满足什么条件呢？不要急，看了本专题的内容就能让你恍然大悟的。

向左向右转——粒子数反转

产生激光还有一个关键之处，就是要实现所谓粒子数反转的状态。以红宝石激光为例，原子首先吸收能量，跃迁至受激态。原子处于受激态的时间非常短，大约为 10^{-7} 秒，随后它会落到一个称为亚稳态的中间状态。原子停留在亚稳态的时间大约是 10^{-3} 秒或更长的时间。原子长时间留在亚稳态，导致在亚稳态的原子数目多于在基态的原子数目，此现象称为粒子数反转。粒子数反转是

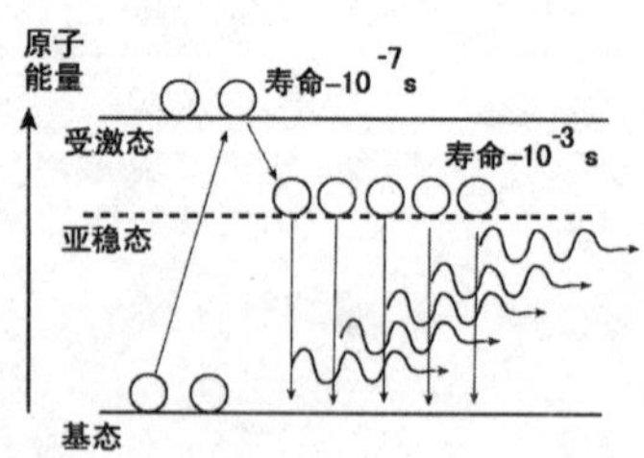

◆在亚稳态的原子数目多于在基态的原子数目，此现象称为粒子数反转

产生激光的关键，因为它使通过受激辐射由亚稳态回到基态的原子，比通过自发吸收由基态跃迁至亚稳态的原子为多，从而保证了介质内的光子可以增多，以输出激光。

原来如此——反射与透射

右图显示红宝石激光的原理。它由一支闪光灯，激光介质和两面镜子所组成。激光介质是红宝石晶体，其中有微量的铬原子。在开始时，闪光灯发出的光射入激光介质，使激光介质中的铬原子受到激发，最外层的电子跃迁到受激态。此时，有些电子会通过释放光子，回到较低的能阶。而释放出的光子会被设于激光介质两端的镜子来回反射，诱发更多的电子进行受激辐射，使激光的强度增加。设在两端的其中一面镜子会把全部光子反射，另一面镜子则会把大部分光子反射，并让其余小部分光子穿过；而穿过镜子的光子就构成我们所见的激光。

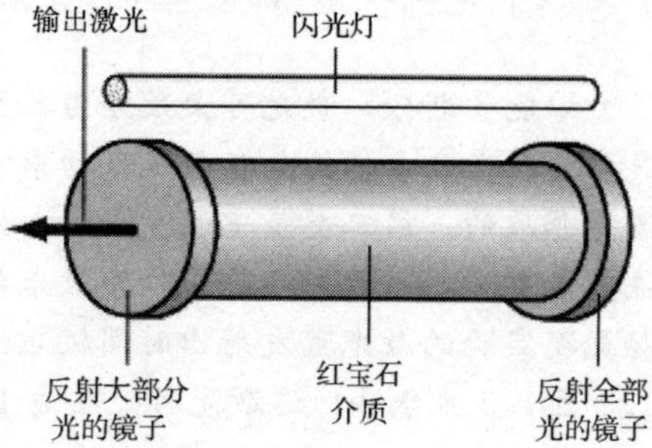

◆红宝石激光的示意图

优质的激光

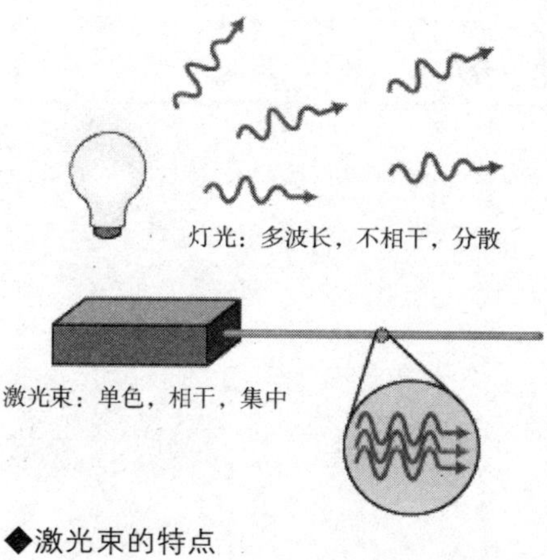

◆激光束的特点

激光通过受激辐射产生，有以下三大特性：

激光是单色的，在整个产生的机制中，只会产生一种波长的光。这与普通的光不同，例如阳光和灯光都是由多种波长的光合成的，接近白光。

激光是相干的，所有光子都有相同的相，相同的偏振，它们叠加起来便产生很大的强度。而在日常生活中所见的光，它们的相和偏振是随机的，相对于激光，这些光就弱得多了。

激光的光束很狭窄，并且十分集中，所以有很强的威力。相反，灯光分散向各个方向转播，所以强度很低。

点击：激光按能量分类

以能量划分，激光可大致分为三类，第一类是低能量激光，这类激光通常以气体为激光介质，例如在超级市场中常用的条码扫描器，就是用氦气和氖气作为激光介质的；第二类是中能量激光，例如在课堂上用的激光指示器；最后一类为高能量激光，一般用半导体作为激光介质，输出的功率可高达500毫瓦。用于热核聚变实验的激光可发射出时间极短但能量极高的激光脉冲，其脉冲能量竟可达1.2至1.3兆焦耳！这激光可产生达1亿℃的高温，引发微粒状的氘—氚燃料进行热核聚变。

拓展思考

1. 讲讲激光器的原理？
2. 你能说出激光和普通光的本质区别是什么吗？
3. 激光为什么是单色的？
4. 如果按照能量划分，激光能分为哪几类？

偶然中的必然
——汤斯的意外之举

1917年爱因斯坦提出“受激辐射”的概念，奠定了激光的理论基础。1958年美国科学家肖洛和汤斯发现了一种奇怪的现象：当他们将闪光灯泡所发射的光照在一种稀土晶体上时，晶体的分子会发出鲜艳的、始终会聚在一起的强光。由此他们提出了“激光原理”，受激辐射可以得到一种单色性、亮度又很高的新型光源。1958年，贝尔实验室的汤斯和肖洛发表了关于激光器的经典论文，奠定了激光发展的基础。

科学史上的浪漫“故事”

汤斯，美国物理学家。1915年7月28日生于南卡罗来纳州格林维尔。汤斯是一位律师的独生子。1939年在加利福尼亚理工学院获得博士学位。在第二次世界大战期间以及战后的几年中，他在贝尔实验室从事雷达投弹系统的设计工作。1950年起在哥伦比亚大学任正教授。汤斯以最全面的方式孜孜不倦地致力于雷达技术，涉及到微波的发射和接收。汤斯渴望有一种产生高强度微波的器件。通常的器件只能产生波长较长的无线电波，若打算用这种器件来产生微波，器件结

◆“幸运”的宠儿——汤斯

构的尺寸就必须极小，以至于无实际实现的可能性。1951 年的一个早晨，汤斯坐在华盛顿市一个公园的长凳上等待饭店开门，以便去进早餐。这时他突然想到，如果用分子，而不用电子线路，不是就可以得到波长足够小的无线电波吗？汤斯在公园的长凳上思考了所有这一切，并把一些要点记录在一只用过的信封的反面。1953 年 12 月，汤斯和他的学生终于制成了按上述原理工作的一个装置，产生了所需要的微波束。这个过程被称为“受激辐射微波放大”。

◆1954 年汤斯、戈登和氨微波激射器

神奇的 MASER

1953 年 12 月，汤斯和他的学生研究出了一个装置，能产生所需要的微波束。这个过程被称为“受激辐射微波放大”。按其英文的首字母缩写为

MASER（microwave amplification by stimulated emission of radiation），并由之造出了“单脉泽。”脉泽有许多有趣的用途。氨分子的振动稳定而精确，它那稳定精确的微波频率，可用来测定时间。1960 年 1 月做了这个试验，结果是波长没有发生变化。这个实验的精度是前无先例的，能测出小到 10^{-12} 的相对频率偏差，这更确凿地证实了 70 多年前迈克耳孙一莫雷的实验结果，这个实验以及当时发现不久的穆斯堡尔效应，都证实了爱因斯坦的相对论理论。汤斯意识到，若用固体分子来替代氨分子，根据肖克利所建立的固体和新概念，用途更广泛的装置也能制成。在 20 世纪 50 年代后期，汤斯和其他一些科学家确实制成了固体脉泽。这种脉泽在放大微波信号时所造成的随机辐射比以往的任何放大方式都低得多，这意味着它对极微弱信号的放大远比其他已知的方法更为有效。1957 年，汤斯开始思索设计一种能产生红外或可见光的可能性。

脉泽实际上就是一种“原子钟”，它的精度远高于以往所有的机械计时器。脉泽还可以用来向不同的方向发射微波束。

想 一 想

激光有什么应用?

高能量的激光使它还能用于医学和化学分析，它能使物体的一小点汽化，从而进行光谱研究。由于光的频率很高，在给定的频带上，它的信息容量远大于频率较低的无线电波，这就是用光作载波的优点。

1960，梅曼首先制成了这样的器件——用一根红宝石棒产生间断的红光脉冲。这种光是相干的，也就是传播时不会漫散开，几乎始终保持成一窄束光。即使将这样的光束射到 38 万千米之外的月球上，光点也只扩展到约 2 千米的范围。它的能量耗损也很小，这样，人们就自然想到向月球表面发射脉泽束，以绘制月面地形图，这种方法远比以往用望远镜有效得多。这种光比以往产生的任何光具有更强的单色性。光束中的所有光都具有相同的波长，这意味着这种光束经调制后可用来传送信息，和普通无线电通信中被调制的无线电载波几乎一样。

实至名归——1964年诺贝尔奖

◆前苏联物理学家——巴索夫

因为汤斯在激光研究领域的杰出贡献，他荣获了1964年诺贝尔物理学奖，同时获奖的还有普罗霍罗夫和巴索夫，他们也独立地完成了这方面的理论工作。

巴索夫，前苏联物理学家，因对量子电子学的研究，导致微波激射器和激光器的发展，与普罗霍罗夫和美国的汤斯共获1964年诺贝尔物理学奖金。他生于前苏联的沃罗涅日，毕业于莫斯科工程物理学院，获前苏联科学院列别捷夫物理研究所博士学位。从1950年起一直在前苏联科学院列别捷夫物理研究所工作。1954年他与普罗霍罗夫合作，制出一台氨分子束量子振荡器。他提出建立不平衡量子系统的三能级方法，这种方法可放大激发辐射。这个方法立即被广泛应用于无线电光波段的量子振荡器和放大器上。这些器件分别产生单色、平行、相干的微波束和光束。1958年，巴索夫又提出利用半导体制造激光器的可能性，后来在1960～1965年间，实现了p-n结、电子束和光泵激发各种类型的激光器。1968年，巴索夫还利用大功率激光器引发了热核反应。

◆前苏联物理学家——普罗霍罗夫

普罗霍罗夫，澳大利亚一前苏联物

理学家，因对量子电子学的基本研究导致微波激射器和激光器的发展，获1964年诺贝尔物理学奖金。他生于澳大利亚阿特顿，毕业于列宁格勒大学，获莫斯科列别捷夫物理研究所博士学位，并任该所高级研究员。1953年和巴索夫共同提出放大并发射同相位、同波长的平行电磁波的微波激射器原理，并制成小巧的红宝石激光器，用它发出的一束明亮的红色光，其纯净、单色性、相干性和高强度都十分理想。

轶闻趣事：人算不如天算

◆发明家古尔德

当汤斯和肖洛在构思光学激光器之际，古尔德正在哥伦比亚大学当博士研究生。研究过程中，古尔德产生了实现粒子数反转的想法，并且设计了谐振腔。他的想法和汤斯、肖洛可以说是异曲同工。他在笔记本上写下了自己的想法和计算，并为光学激射器起了一个名字叫 LASER。1957 年 10 月，他在家里接到汤斯的电话，询问有关铊灯的知识，从而得知汤斯正在进行类似的工作，预感到将会发生一场发明权之争。于是他连忙请一位公证人将自己的笔记签封，以备申辩。这个笔记本的前 9 页载有古尔德的初步设计和计算，还包括有 LASER 的定义。然而，由于种种原因，古尔德没有及时申请专利。后来，古尔德多次向专利局申请专利，进行诉讼，直到 1987 年 11 月 4 日才得到胜诉，但时光已经过去快三十年。在这中间汤斯和肖洛都因激光的研究先后获得了诺贝尔物理学奖。

科技史上同时而又独立地做出发现或发明的事例举不胜举，激光的发展史中也不乏其例。这些事例正说明了，激光的出现是科学技术发展的产物，是历史的必然。

拓展思考

1. 汤斯在激光研究领域做出了怎样杰出的贡献？

2. “MASER”是什么的缩写？

3. 梅曼用什么器件产生间断的红光脉冲？

4. 哪位科学家和汤斯、肖洛同时实现了粒子数反转，并且设计了谐振腔？

竞赛中的胜利者——梅曼

◆到底是梅曼还是汤斯先发明了激光器？

第一台激光器的发明人希奥多·梅曼在2007年5月5日去世了，享年79岁。作为“激光器”之父，他有什么传奇的故事？除了天资聪明外，他还有什么不为人知的往事？他和诺贝尔奖获得者汤斯为何要争夺发明权？他是如何研制出他的红宝石激光器的？不要着急，读完本栏目，就会让你认识这位幸运而又屡次遭受挫折，但是越挫越勇的梅曼。他的例子告诉我们，只要坚持，就一定能够到达幸福的彼岸。

传奇人物——梅曼

◆梅曼

1960年，梅曼实现了突破，他用一盏闪光灯照射一条指尖大小的红宝石棒，使其发射出脉冲相干光。至此，他超越了当时的其他物理学家，其中包括汤斯——他刚刚发明了微波激射器，类似于微波段的激光器。然而，后来因激光器的发明而获得诺贝尔奖的却是汤斯，希奥多·梅曼被忽视了，他得为他的发明争取承认权。

梅曼于1927年7月11日出生在加州洛杉矶。1949年他在科罗拉多大学获得工程物理学的学位。在此期间，他通过维修收音机和其他电子设备，以及后来到海军里服役来支付大学费用。接着，他到加州的斯坦福大学完成了电子工程的硕士学位，并在不久后获得诺贝尔奖的兰姆的

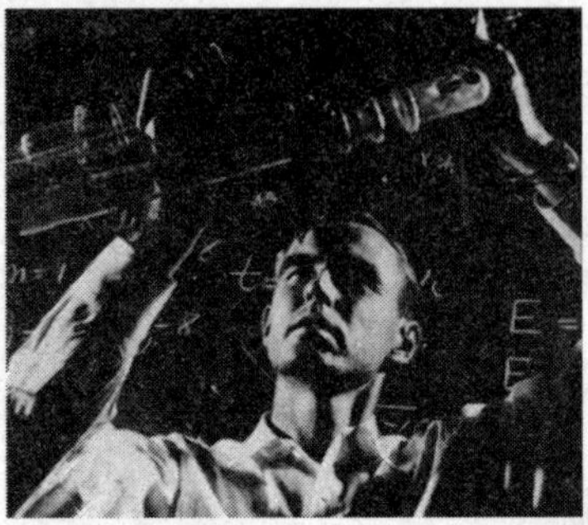

◆诺贝尔奖获得者——兰姆

指导下攻读物理学博士。希奥多·梅曼在1955年获得博士学位，这是在汤斯于纽约的哥伦比亚大学发明了第一台微波激射器的两年后。汤斯和他的妹夫合作计划建造类似微波激射器的能发射相干可见光的设备，即激光器。但是，他们研制激光器的主要目的是用于光谱研究，所以他们想要建造一个连续光源而不是脉冲光源，这样导致他们不会用红宝石作为发射激光的介质。

希奥多·梅曼的突破是在他加入位于加州的宇航公司——休斯公司的实验室之后做出的，这家公司属于脾气古怪的亿万富翁霍华德·休斯。希奥多·梅曼在公司里刚开始的任务是建造一台小型的汤斯微波激射器，最后他造出一台仅重两千克的红宝石微波激射器。接着在1960年5月6日，他通过把红宝石棒放置在铝制圆柱体里的螺旋形闪光光源中间，成功地使红宝石棒发射出激光束。他开始时想用电影放映灯照射红宝石，但是后来在他的学生助手的建议下换用照相机的闪光灯照射。

广角镜：曲折的论文投稿之路

在他证实产生的光是激光后，梅曼向物理学评论快报（PRL）提交了一篇论文。但是论文被当时的编辑古兹密特退回了，因为该杂志已经有太多关于微波激射器的论文等待审稿了。希奥多·梅曼将文章精简，成功地发表在Nature上。但是此时贝尔实验室的汤斯及其同事已经在PRL上发表了论文，介绍他们自己随后建造的红宝石激光器，汤斯他们因此被公认为激光器的发明者。结果，汤斯在1960年获得专利之后，又因为他关于研制激光器的提议在1964年获得了诺贝尔物理学奖。

◆物理学评论快报创始人古兹密特

迟到的认可——沃尔夫奖

尽管现在希奥多·梅曼研制出首台激光器已经被广泛认可，可这却是花了他数十年的时间才争取到的。这并非孤立的现象，发明家古尔德也奋力争取人们对他在激光器发展中作用的认可。在他基础性突破后的一年内，希奥多·梅曼离开了休斯公司，创立了他自己的激光器制造公司。1976 年他将公司卖掉，加入了宇航公司。在他后来的生涯中，希奥多·梅曼在激光器研制方面的贡献得到了迟到的认可，其中包括 1984 年希奥多·梅曼获得了沃尔夫奖（Wolf Prize）并被列入美国国家发明家名册。

梅曼的科普著作——

◆《激光的冒险旅行》

知识库：沃尔夫奖（Wolf Prize）

Wolf Foundation · קרן וולף

◆基金会标记

1976 年沃尔夫及其家族捐献一千万美元成立了沃尔夫基金会，其宗旨主要是为了促进全世界科学、艺术的发展。沃尔夫奖主要是奖励对推动人类科学与艺术文明做出杰出贡献的人士，每年评选一次，分别奖励在农业、化学、数学、医药和物理领域，或者艺术领域中的建筑、音乐、绘画、雕塑四大项目之一中取得突出成绩的人士。著名华人数学家陈省身教授就曾于1984年5月获得沃尔夫奖，有“杂交水稻之父”的袁隆平于2004年也获得了此殊荣。美籍华人吴健雄教授荣获1978年首次颁发的沃尔夫物理学奖。

拓展思考

1. 哪位科学家成功地使红宝石棒发射出激光束？

2. 沃尔夫奖除了奖励在物理学领域做出贡献的科学家之外，还奖励哪些领域的科学家？

3. 汤斯获得了哪一年的诺贝尔物理学奖？

4. 你知道诺贝尔奖吗？通过课外阅读讲讲这个奖的来历。

激 情 四 射

——激光的工业革命

激光的特性注定了它是神奇的光。

宏观上，它可以精确地测量地球与月球的距离；微观下，它可以在头发丝的空间内制造出几多复杂的机械元件。轻可以在眼睛上做手术，重可以切割厚厚的钢板。技术上的发展使它几乎随处可见，而且通过全息图像的显示，使“一中具一切，一切即一”的美妙意思有了具体的例证，仔细思考，怎能不感慨：激光，神奇光！

让我们一起来看看激光的妙用吧，科技的发展带来了激光的工业革命！

百花齐放——多样的激光器

1960 年 12 月，出生于伊朗的美国科学家贾万率人终于成功地制造并运转了全世界第一台气体激光器——氦氖激光器。1962 年，有三组科学家几乎同时发明了半导体激光器。1966 年，科学家们又研制成了波长可在一段范围内连续调节的有机染料激光器。此外，还有输出能量大、功率高，而且不依赖电网的化学激光器等纷纷问世。激光科学技术的兴起使人类对光的认识和利用达到了一个崭新的水平。

◆激光器现在已经非常多了

高功率的固体激光器

固体激光器是用固体激光材料作为工作物质的激光器。1960 年，梅曼发明的红宝石激光器就是固体激光器，也是世界上第一台激光器。固体激光器一般由激光工作物质、激励源、聚光腔、谐振腔、反射镜和电源等部分构成。常见的固体激光器有红宝石激光器、钕玻璃激光器等。固体激光器在军事、加工、医疗和科学

固体激光器可作为大能量和高功率相干光源。红宝石脉冲激光器的输出能量可达千焦耳级。

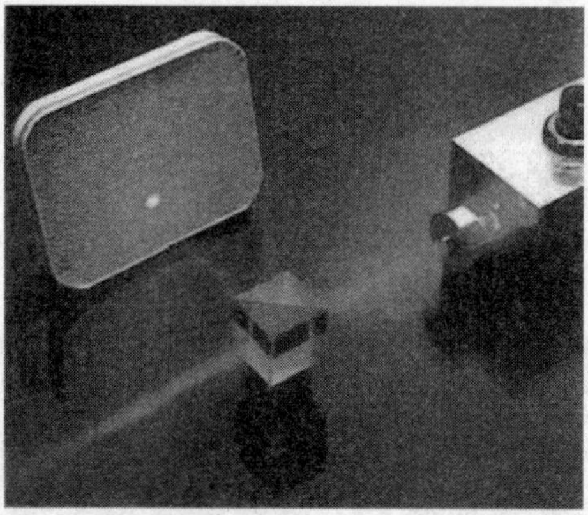

◆红宝石激光器

研究领域有广泛的用途。它常用于测距、跟踪、制导、打孔、切割和焊接、半导体材料退火、电子器件微加工、大气检测、光谱研究、外科和眼科手术、等离子体诊断、脉冲全息照相以及激光核聚变等方面。固体激光器还用作可调谐染料激光器的激励源。

世界上第一例激光治疗人的牙齿的案例始于1965年，用的是脉冲红宝石激光器。现在激光应用到口腔疾病治疗上，可以做口腔肿瘤的手术，治疗牙周病。激光的刺激可以止血，促进创口愈合等等。其中光针麻醉是我国首创的技术。医疗上的激光器已经包含各种激光器了，不仅仅是红宝石激光器。

便捷的气体激光器

气体激光器是利用气体或蒸汽作为工作物质产生激光的器件。它由放电管内的激活气体、一对反射镜构成的谐振腔和激励源等三个主要部分组成。主要激励方式有电激励、气动激励、光激励和化学激励等。其中电激励方式最常用。在适当放电条件下，利用电子碰撞激发和能量转移激发等，气体粒子有选择性地被激发到某高能级上，从而形成与某低能级间的粒子数反转，产生受激发射跃迁。

万花筒

气体激光器的分类

气体激光器分为原子气体激光器、离子气体激光器、分子气体激光器和准分子激光器。它们工作在很宽的波长范围，从真空紫外到远红外，既可以连续方式工作，也可以脉冲方式工作。

与固体、液体相比，气体的光学均匀性好，因此，气体激光器的输出光束具有较好的方向性、单色性和较高的频率稳定性。但气体的密度小，不易得到高的激发粒子浓度，因此，气体激光器输出的能量密度一般比固体激光器的小。

氦氖激光器

原子气体激光器包括各种惰性气体激光器和各种金属蒸汽激光器，如氦氖激光器。其中氦氖激光器是最早研制成功的，并且仍在普遍使用。它的工作物质是混有氦的氖气。在这种混合气体中放电。氦氖激光器输出的激光功率只有几毫瓦到100毫瓦，效率约为0.1%。但是，氦氖激光器具有单色性好、方向性强、使用简便、结构紧凑坚固等优点，因而在精密测量、准直和测距中得到广泛的应用。

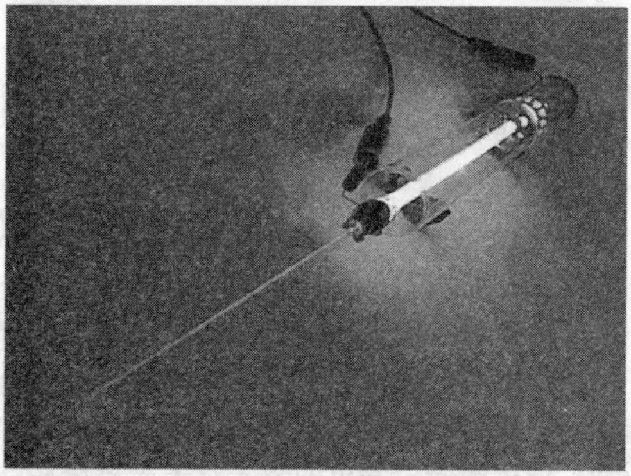

◆输出红光（632.8nm）的氦氖激光器

二氧化碳激光器

分子气体激光器的工作物质是中性分子气体，如氮、一氧化碳、二氧化碳、水蒸气等。波长范围很广，从真空紫外、可见光到远红外。其中以二氧化碳激光器最为重要。使用的工作物质是CO_2，He，N_2，Xe的混合气体。其特点是效率高，大约在10%～25%范围内，可以获得很高的激光功率，连续输出功率高达万瓦，脉冲器件输出可达万焦

◆激光切割

耳每脉冲级。二氧化碳激光器可用于加工和处理（如焊接、切割和热处理）、光通信、测距、同位素分离和高温等离子体研究等方面。输出的波长集中在 9600nm 和 10600nm，其中以 10600nm 这个波长范围的激光功率最大。

特殊的液体激光器

液体激光器也称染料激光器，因为这类激光器的激活物质是某些有机染料溶解在乙醇、甲醇或水等液体中形成的溶液。为了激发它们发射出激光，一般采用高速闪光灯作激光源，或者由其他激光器发出很短的光脉冲。液体激光器发出的激光对于光谱分析、激光化学和其他科学研究，具有重要的意义。

◆染料激光器

小巧的半导体激光器

20世纪90年代初，欧美等几大公司相继生产出可供商用的半导体激光二极管，使激光的实际应用价值发生了革命性的进步。其他种类的激光器由于产生激光的机理过于复杂，使其体积、重量特别大，功耗很高，大大限制了激光的应用。而半导体激光器的出现使这些问题迎刃而解。随着半导体激光器的技术进一步成熟，价格逐步降低，其应用批量和应用领域不断扩大，就目前的发展速度来看，应用前景十分看好。

◆半导体技术带来的革命

知识窗

半导体激光器主要波段

目前已开发的半导体激光器的波长有370nm、390nm、405nm、430nm、480nm、635nm、650nm、670nm、780nm、808nm、850nm、980nm、1310nm、1550nm等，其中1310nm、1550nm主要用于光纤通信领域。405～670nm为可见光波段，780～1550nm为红外光波段，370～390nm为紫外光波段。

半导体激光器体积小、重量轻、可靠性高、转换效率高、功耗低、驱动电源简单、能直接调制、结构简单、价格低廉、使用安全，其应用领域非常广泛。其应用领域包括：光存储、激光打印、激光照排、激光测距、条码扫描、工业探测、测试测量仪器、激光显示、医疗仪器、军事、安防、野外探测、建筑类扫平及标线类仪器、实验室及教学演示、舞台灯光及激光表演、激光水平尺及各种标线定位等。

半导体激光器的一些独特优点使之非常适合于军事上的应用，如野外测距、枪炮等的瞄准、射击模拟系统、致盲、引信、安防等。由于可用普通电池驱动，使一些便携式武器设备配置成为可能。

◆半导体激光器与人们生活的联系最为密切

广角镜：世界上最小的半导体激光器

◆最小的半导体激光器

美、中两国科学家联合研制出世界上最小的半导体激光器。这项被称为“表面等离子体激光技术”的研究在激光物理学界堪称里程碑，曾在《自然》杂志上刊登。

这项技术对人类将产生怎样的影响？这项技术不仅在基础科学研究方面获得重大突破，而且对生物医学、通信和电脑等应用科学也将产生深远影响。对生物医学来说，科学家可以在分子尺寸上检测DNA和癌症。对通信和电脑技术而言，可以帮助实现更高密度的光或磁信息储存。由此我们可以相信，在不远的将来，一张光盘将可以储存一个图书馆的藏书量。

拓展思考

1. 是谁制造并运转了全世界第一台气体激光器？
2. 激光器可以分为哪几类？
3. 固体激光器和气体激光器的区别在哪里？
4. 半导体激光器有什么优点？它在生活中的应用有哪些？

特殊的光
——激光的独特性质

◆神奇的激光束

激光广泛应用的基础在于它的独特性质。激光具有高亮度、单色性、相干性和方向性四大特点。激光单色性好，又可在一个狭小的方向内有集中的高能量，因此利用聚焦后的激光束可以对各种材料进行打孔。这是令人惊奇的。红宝石激光器中输出脉冲的总能量煮不熟一个鸡蛋，但却能在3毫米的钢板上钻出一个孔。为什么激光这么神奇呢？关键不是光的能量，而在于其功率。激光的功率是很高的，这也是它多方面被应用的基础。

最亮的光——与太阳光相较量

由于激光的发射能力强和能量的高度集中，所以亮度很高，它比普通光源高亿万倍，比太阳表面的亮度高几百亿倍。亮度是衡量一个光源质量的重要指标，若将中等强度的激光束经过会聚，可在焦点处产生几千到几万摄氏度的高温。

激光是当代最亮的光源，只有氢弹爆炸瞬间强烈的闪光才能与它相比拟。太阳光亮度大约是103瓦/平方厘米，而一台大功率激光器的输出光亮度竟比太阳光高出 7～14 个数量级。这样，尽管激光的总能量并不一定很大，但由于能量高度集中，很容易在某一微小点处产生高压和几万摄氏度甚至几百万摄氏度高温。激光打孔、切割、焊接和激光外科手术就是利用了这一特性。

◆比太阳还亮的激光

最准的尺——勇往直前的光

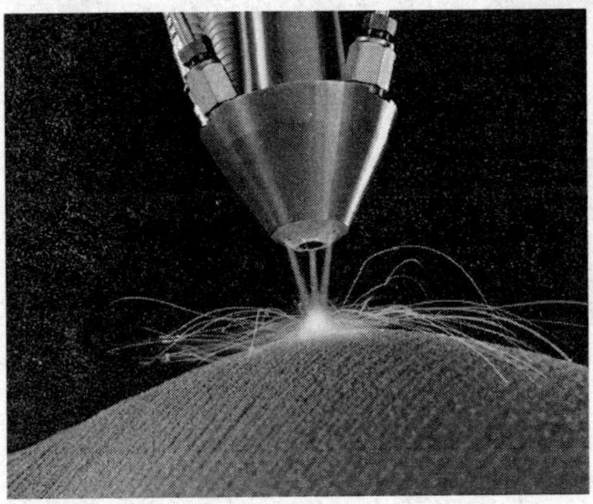

◆激光焊接

激光发射后发散角非常小，激光射出 20 千米，光斑直径只有 20～30 厘米，激光射到 38 万千米远的月球上，其光斑直径还不到 2 千米。激光的方向性比现在所有的其他光源都好得多，它几乎是一束平行线。如果把激光发射到月球上去，历经 38.4 万千米的路程后，也只有一个直径约为 2 千米的光斑。如果用的是探照灯，则绝大部分光早就在中途“开小差”了。半导体激光器发出的光绝大部分都很集中，很容易射入光纤端面。激光准直、导向和测距就是利用其方向性好这一特性。

> 普通光源总是向四面八方发散的，这作为照明来说是必要的。但要把这种光集中到一点，则绝大多数能量都会被浪费掉。

最纯的光——单色的激光

我们知道，普通的白光有七种颜色，频率范围很宽。光的颜色取决于它的波长。普通光源发出的光通常包含着各种波长，是各种颜色光的混合。太阳光包含红、橙、黄、绿、青、蓝、紫七种颜色的可见光及红外光、紫外光等不可见光。而某种激光的波长，只集中在十分窄的光谱波段或频率范围内。如氦氖激光的波长为 632.8 纳米，其波长变化范围不到万分之一纳米。由于激光的单色性好，为精密度仪器测量和激励某些化学反应等科学实验提供了极为有利的手段。

◆白光的色散

频率范围宽的光波在光纤中传输会引起很大的噪声，使通信距离很短，通信容量很小。而激光是一种单色光，频率范围极窄，发散角很小，只有几毫弧，激光束几乎就是一条直线。氦氖激光的谱线宽度，只有 8～10nm，颜色非常纯。这种光波在光纤中传输产生的噪声很小，这就可以增加中继距离，扩大通信容量。现在已研究出单频激光器，这种激光器只有一个振荡频率。用这种激光器可以把十几万路的电话信息直接传送到 100 千米以外。这种通信系统可满足将来信息高速公路的需要。

广角镜：颜色与波长

激光的颜色取决于激光的波长，而波长取决于发出激光的活性物质，即被刺激后能产生激光的那种材料。刺激红宝石就能产生深玫瑰色的激光束，它应用于医学领域，比如用于皮肤病的治疗和外科手术。公认最贵重的气体之一的氩气能够产生蓝绿色的激光束，它有诸多用途，如激光印刷术，在显微眼科手术中也是不可缺少的。半导体产生的激光能发出红外光，因此我们的眼睛看不见，但它的能量恰好能“解读”激光唱片，并能用于光纤通信。

最高的相干度——激光

相干性是所有波的共性，但由于各种光波的品质不同，导致它们的相干性也有高低之分。普通光是自发辐射光，不会产生干涉现象。激光不同于普通光源，它是受激辐射光，具有极强的相干性，所以称为相干光。

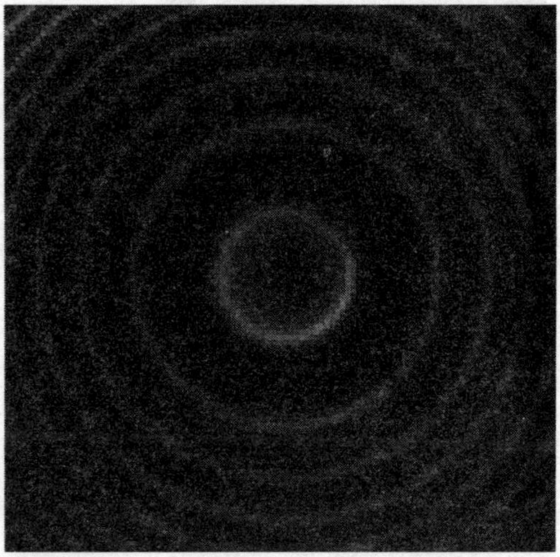
◆激光干涉

干涉是波动现象的一种属性。基于激光具有高方向性和高单色性的特性，它必然相干性极好。激光的这一特性使全息照相成为现实。

自 1960 年美国研制成功世界上第一台红宝石激光器，我国也于 1961 年研制成功首台国产红宝石激光器以来，激光技术被认为是 20 世纪继量子物理学、无线电技术、原子能技术、半导体技术、电子计算机技术之后的又一重大科学技术新成就。40 多年来，激光技术得到突飞猛进的发展，使其成为当今新技术革命的“带头技术”之一。

友情提醒：激光安全警示

激光器是强度很高的光源辐射器件，大功率的激光器可以用于切割、焊接金属材料，所以激光对人体，特别是人眼会有严重伤害，使用时需特别小心。国际上对激光有统一的分类和统一的安全警示标志，激光器分为 4 类（Class1～Class4），1 类激光器对人是安全的，2 类激光器对人有较轻的伤害，3 类以上的激光器对人有严重伤害，使用时需特别注意，避免对人眼或人体直射。

◆这是激光安全警示标志

拓展思考

1. 激光有什么独特的性质？
2. 激光和太阳光的功率哪个大？
3. 激光和太阳光有什么区别和联系？
4. 激光为什么很危险？

战舰宠儿——自由电子激光器

◆新型武器将成为战舰的新宠儿

定向能和超音速武器预示着海军武器装备新时期的发展方向。定向能武器可以利用高度定向高能量的从电磁波到光波的电磁辐射使敌方的人员和电子武器装备等受到伤害。2008年，电磁导轨炮被美国海军研究办公室正式认定为创新型海军原型；2010年，自由电子激光器也将被列为创新型海军原型——这都证明美国海军将研究重点放在了这些新型武器系统上。这些新概念武器如果按照军事家们的预想发展，将为舰艇自防御能力带来革命性的改变——如同冷兵器到热兵器的变革。

什么是自由电子激光器？

自由电子激光器比其他类型激光器更适于产生很大功率的辐射。它的工作机制与众不同，它那从加速器中获得几千万伏高能调整的电子束，经周期磁场，形成不同能态的能级，产生受激辐射。其主要结构和工作原理如下图所示。由电子束源产生的自由电子束进入电子加速器，在加速器中受到高电压的加速作用。被加速的自由电子具有很高的

自由电子激光器具有高功率、良好的相干性和超短的脉冲，因而可在高能量高定向电磁辐射(光波和微波)武器中得到应用。

能量。这些高能自由电子束经过磁场作用可以改变其运动方向，并进入扭轨磁场中。扭轨磁场是由一组磁场方向不断反向的永磁铁组成，它构成具有特定的强度和方向、一定分布规律和空间周期的磁场系统。在扭轨磁场的作用下，高能电子束向这电磁波输送能量，从而使电磁波受到放大作用而使电磁波能量增强。

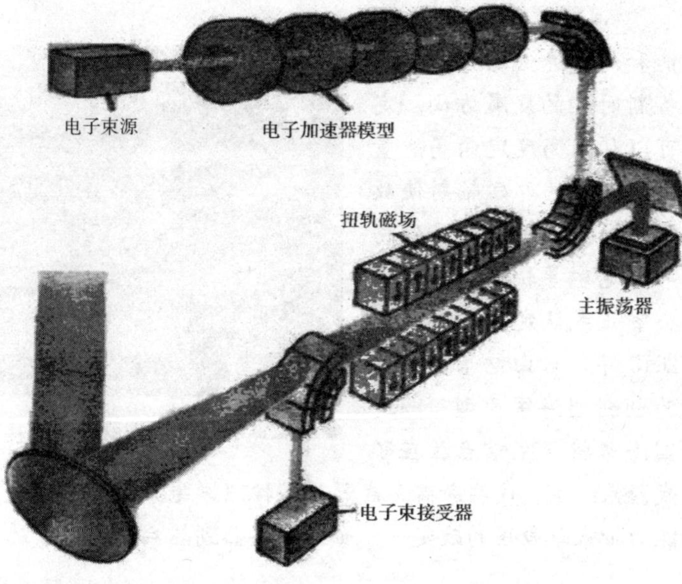

◆自由电子激光器原理图

历史故事

自由电子激光器研究历史

自由电子受激辐射的设想曾于1951年提出，并在1953年进行过实验，因受当时条件的限制，未能得到证实。1974年斯坦福大学科研人员重新提出了恒定横向周期磁场中的场致受激辐射理论，并首次在毫米波段实现了受激辐射；1976年第一次实现了激光放大，1977年4月斯坦福大学科研人才研制成第一台自由电子激光振荡器。

改变扭轨磁场的参量和其他相关参量，便可以改变自由电子激光器和微波激射器的波长和输出功率。

光速武器——自由电子激光器

自由电子激光器是一种光束武器。由于先进雷达系统的存在，我们现在可以探测到以光速飞行的威胁目标。定向能武器能以光速杀伤摧毁这些威胁目标，而这些目标也不会有任何有效的回避动作。除了速度，精确度也是自由电子激光器的特点。这种“外科手术”式的武器可以准确命中来袭导弹的特定部位，从而很轻易地将其摧毁。

◆高能自由电子激光器武器使用想象图

但是，自由电子激光器技术的发展仍然存在一些大的技术难题，要实现武器化还有很长一段距离，预计到 2015 年才能初步具备实战能力。按照美国海军的计划，首先将利用 5 年的时间使自由电子激光器功率提高到有效毁伤所需的最低功率 100 千瓦，然后再用 3 到 5 年实现兆瓦级输出。由于自由电子激光器的作战距离是 100 米到几千米，这个较宽的范围使它成为舰船防御的理想选择。美国海军计划在 2020 年前将其部署在下一代驱逐舰和航空母舰上。

展望：新型激光可能有助于找到类地行星

美国与德国科学家声称，他们已创造出一种超速激光，可能对寻找类地行星有帮助。

◆用新型激光寻找类地行星

美国国家标准和技术研究所和德国康斯坦茨大学的研究人员表示，这种激光创下了高速、短脉冲和高平均功率的记录。科学家们认为这类激光能够超精确测量不同颜色的光，并使搜索类地行星的天文工具的灵敏度提高达100倍。

科学家们透露，这种新型激光每秒发射100亿个脉冲，每次持续约40飞秒或千万亿分之一秒，平均功率为650毫瓦，它的能量是典型高速激光的100至1000倍，在实验中能产生更清晰的信号。这项研究已刊登在欧洲物理学杂志上。

拓展思考

1. 什么是自由电子激光器？
2. 自由电子激光器有什么特点？
3. 自由电子激光器有哪些用途？
4. 科学家如何应用激光来寻找类地行星？最近的研究进展是什么？

最小的激光器
——纳米激光器

◆神奇的激光世界

科学家们已为我们勾勒了一幅若干年后的蓝图：超强轻型新型材料有可能使太空旅行变得便宜而且容易，甚至像一些作家预测的那样利用纳米技术在火星上制造出大气。如果新的“纳米医学”能够在细胞老化时一个分子一个分子地制造出新的细胞，从而把人们的寿命无限地延长，那么就有必要向太空移民。纳米技术已经创造出足够多的小奇迹，这至少能让一些科学泰斗们相信这些宏伟的想法也会实现。

纳米粒子——spaser

研究人员最近展示了一种有史以来最小的激光器，它包含一个直径仅为44纳米的纳米粒子。该器件因能产生一种称为表面等离子的辐射而被命名为“spaser”。这项新技术可允许光子局限在非常小的空间内，一些物理学家据此认为，就像晶体管之于现今的电子产品，spaser也许将成为未来光学计算机的基础。

美国诺福克大学材料研究中心物理学教授米哈伊尔·诺基诺夫表示，现今最好的消费电子产品可在大约10吉赫兹的速度上运行，但未来的光学器件的运行速度可达到几百太赫兹范围。一般来说，光学器件难以实现小型化，是因为光子无法限定在比其一半波长更小的区域内。但以表面等离子形式与光作用的器件就能将光限定在非常紧密的位点上。

知识窗

什么是纳米?

纳米（nm），又称毫微米，如同厘米、分米和米一样，是长度的度量单位。具体地说，一纳米等于十亿分之一米的长度，相当于4倍原子大小，万分之一头发粗细；形象地讲，一纳米的物体放到乒乓球上，就像一个乒乓球放在地球上一般。这就是纳米长度的概念。

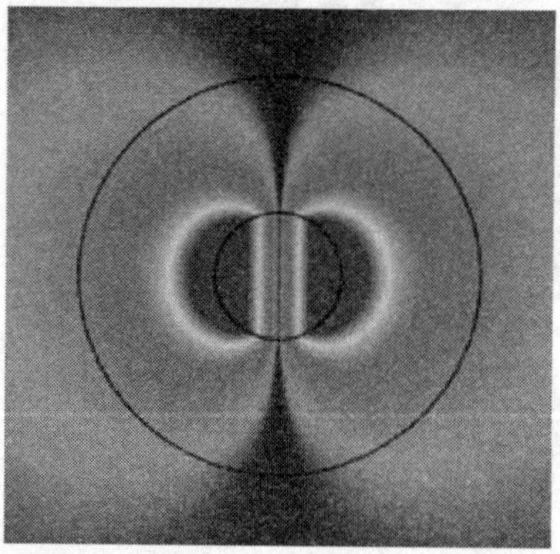

◆spaser 产生和放大光波（模拟图）

诺基诺夫说，目前科学家们正在基于等离子的新一代纳米电子设备的理论研究上努力探索。与以前的其他等离子器件不同的是，spaser 能有效地产生和放大这些光波。诺基诺夫及其同事在《自然》杂志上发表了此项研究成果。

spaser 包含一个直径仅为 44 纳米的单纳米粒子，激光器的其他不同部分的功能则与常规激光器无异。在普通激光器中，光子通过可放大光线的增益介质在两个镜面间反弹。而 spaser 中的光则围绕一个等离子形式的纳米粒子核中的金球表面进行反弹。

此中的挑战是确保这种能量不会快速从金属表面消散。诺基诺夫及其团队通过在金球上喷涂嵌有染料的硅层来实现这一要求。硅层可作为增益媒介。来自 spaser 的光可作为等离子体保持在限定区域，亦可作为可见光范围的光子离开粒子表面。像一个激光器一样，spaser 必须“泵”入必要的能量，研究人员利用光脉冲轰击粒子来达到这个目的。

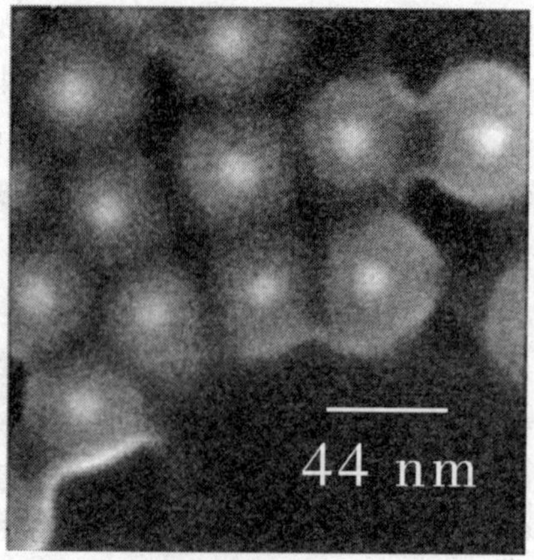

◆44 纳米的单纳米粒子

常规激光器的大小取决于其使用的光波长，反射面间的距离不能小于光波长的一半，在可见光范围大约为 200 纳米。spaser 则是利用等离子体解决了此局限。诺基诺夫说，spaser 也许将能做到 1 纳米大小，但任何小于这一尺寸的纳米粒子，其功能就会丧失。

美国乔治亚州大学物理学教授马克·斯托克曼称，和目前最快的晶体管相比，spaser 虽具有同等的纳米尺度，但其速度要快上 1000 倍，这为制造速度超快的放大器、逻辑元件和微处理器提供了可能。

现今用于硬盘的磁性数据存储介质已达到其物理极限，扩展其存储能力的方法之一就是使用纳米激光器。

诺基诺夫则表示，spaser 不仅能在光子计算机领域找到用武之地，也能在现今使用常规激光器的领域得到应用。更为现实的应用领域就是磁性数据存储业。纳米激光器可以在其记录过程中用非常小的光点对介质进行加热，从而达到扩展存储能力的目的。

纳米激光器研究进展

纳米导线激光器

◆ 世界上最小的汽车——真正的“纳米车”，直径只有 4 纳米，还不到人头发丝直径的万分之一

2001 年，美国加利福尼亚大学伯克利分校的研究人员在只及人的头发丝千分之一的纳米光导线上制造出世界上最小的激光器——纳米激光器。这种激光器不仅能发射紫外激光，经过调整后还能发射从蓝色到深紫外的激光。研究人员先是“培养”纳米导线，即在金层上形成直径为 20～150nm、长度为 10000nm 的纯氧化锌导线。然后，当研究人员在温室下用

另一种激光将纳米导线中的纯氧化锌晶体激活时，纯氧化锌晶体会发射波长只有 17nm 的激光。这种纳米激光器最终有可能被用于鉴别化学物质，提高计算机磁盘和光子计算机的信息存储量。

紫外纳米激光器

◆美国名校——伯克利大学

继微型激光器、微碟激光器、微环激光器、量子雪崩激光器问世后，美国加利福尼亚大学伯克利分校的化学家杨佩东及其同事制成了室温纳米激光器。这种氧化锌纳米激光器在光激励下能发射谱线宽小于 0.3nm、波长为 385nm 的激光，被认为是世界上最小的激光器，也是采用纳米技术制造的首批实际器件之一。在开发的初始阶段，研究人员就预言这种 ZnO 纳米激光器容易制作、亮度高、体积小。研究人员相信，这种短波长纳米激光器可应用在光计算、信息存储和纳米分析仪等领域中。

量子阱激光器

2010 年前后，蚀刻在半导体片上的线路宽度将达到 100nm 以下，在电路中移动的将只有少数几个电子，一个电子的增加和减少都会给电路的运行造成很大影响。为了解决这一问题，量子阱

在量子力学中，把能够对电子的运动产生约束，并且使其量子化的势场称之成为量子阱。

激光器就诞生了。而利用这种量子约束在半导体激光器的有源层中形成量子能级，使能级之间的电子跃迁支配激光器的受激辐射，这就是量子阱激光器。目前，量子阱激光器有两种类型：量子线激光器和量子点激光器。

拓展思考

1. 哪种激光器是最小的激光器？

2. 什么是纳米激光器？

3. 纳米激光器可以分为几类？每一类的特点是什么？你能说说它们分别有什么应用吗？

4. 通过课外阅读，说说纳米到底有多大。

最特殊的制冷——激光冷却

瑞典皇家科学院 1997 年 10 月 15 日宣布，本年度的诺贝尔物理学奖授予美国斯坦福大学物理教授朱棣文、美国标准与技术研究所的菲利普斯和法国学者科昂塔诺季，以表彰他们发明了用激光冷却进行低温下俘获原子的方法。这是继杨振宁、李政道、丁肇中和李远哲之后又一位获得诺贝尔奖的美籍华裔科学家，也是五位获得诺贝尔物理学奖的华裔科学家之一。

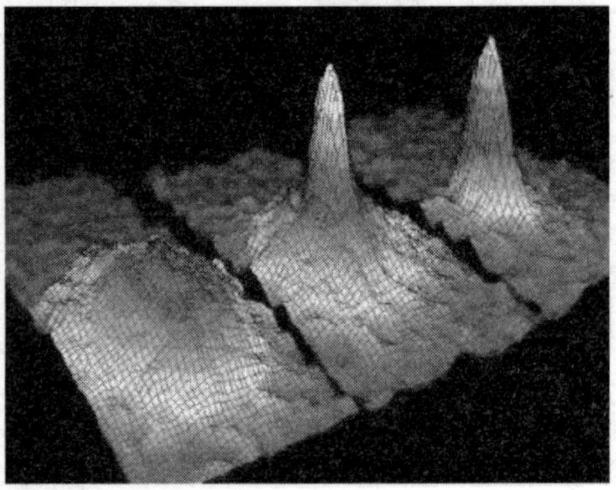

◆玻色—爱因斯坦凝聚态

为什么要激光冷却?

朱棣文坦言：事先已有一些预感，觉得自己的研究“非常地疯狂”，所以得奖是“应该有一点机会的”。事实上，朱棣文从事该项研究已有 14 年，且取得一定的成就——1993 年该项研究即获费萨尔国王国际科学奖。那么，现在让我们一同走进这个让人“疯狂”的激光冷却吧。

朱棣文的激光冷却技术后来却成为实现原子玻色-爱因斯坦凝聚态中极低温条件的关键实验方法。

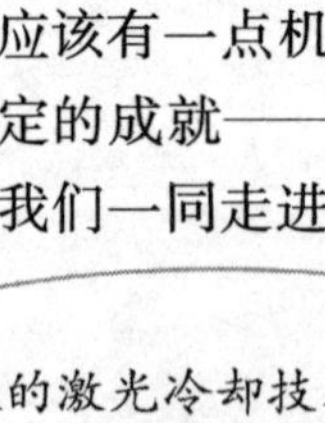

朱棣文从事的是目前世界上最尖端的激光致冷捕捉技术研究，有着非常广泛的实际用途，这项研究为帮助人类了解放射线与物质之间的相互作用，特别是深入理解气体在低

温下的量子物理特性开辟了道路。

万 花 筒

激光冷却的意义

人们可以利用激光冷却技术做成重力分析图，由此解开地球上的许多谜团：例如观察油田的内层、勘探海底或地层内的矿物质，在生物科技上可以解读去氧核糖核酸（DNA）的密码；科学家还可以借此研究“原子激光”，制造精密的电子元件；也可以测量万有引力，进一步发展太空宇航系统。

在原子与分子物理学中，研究气体的原子与分子相当困难，因为它们即使在室温下，也会以几百公里的速度朝四面八方移动，唯一可行的方法是冷却，然而，一般冷却方法会让气体凝结为液体进而结冻。朱棣文等3位学者则利用激光达到冷却气体的效果，即用激光束达到万分之一绝对温度，等于非常接近绝对零度（－273℃）。原子一旦陷入其中，速度将变得非常缓慢，而变得容易俘获。

利用激光和原子的相互作用减速原子运动以获得超低温原子的这一重要高新技术，其早期的主要目的是为了精确测量各种原子参数，用于高分辨率激光光谱和超高精度的量子频标（原子钟）。

怎样实现激光冷却？

虽然早在20世纪初人们就注意到光对原子有辐射压力作用，但只是在激光器发明之后，才发展了利用光压改变原子速度的技术。平均地看来，两束激光的净作用是产生一个与原子运动方向相反的阻尼力，从而使原子的运动减缓（即冷却下来）。

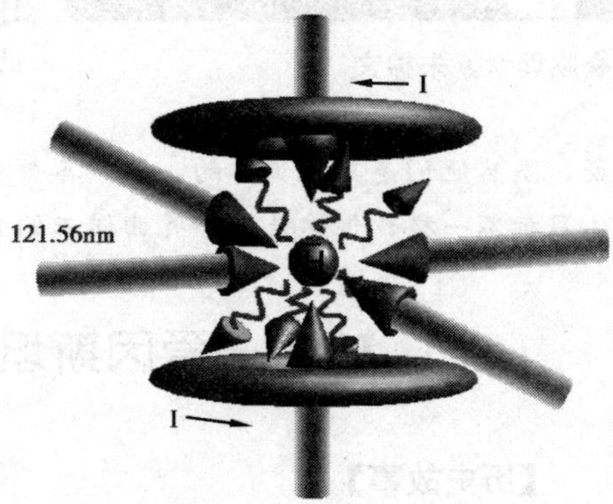

◆激光冷却原理图

1985年美国国家标准与技术研究院的菲利浦斯和斯坦福大学的朱

棣文首先实现了激光冷却原子的实验，并得到了极低温度（24μK）的钠原子气体。他们进一步用三维激光束形成磁光阱将原子囚禁在一个空间的小区域中加以冷却，获得了更低温度的“光学粘胶”。此后，人们还发展了磁场和激光相结合的一系列冷却技术。朱棣文、柯亨·达诺基和菲利浦斯三人也因此而获得了1997年诺贝尔物理学奖。激光冷却有许多应用，如：原子光学、原子刻蚀、原子钟、光学晶格、光镊子、玻色－爱因斯坦凝聚、原子激光、高分辨率光谱以及光和物质的相互作用的基础研究等等。

名人介绍：诺贝尔奖获得者——朱棣文

◆物理学家朱棣文

朱棣文1948年2月28日出生在美国密苏里州圣路易斯市一个学者之家，成长在一个传统的中国家庭里。朱棣文三兄弟从小就受到了东方文化的熏陶和培养。从父母身上他学会了刻苦、勤劳和谦逊，美国的开放式教育也造就了他的幽默、风趣和自信。

1987年任斯坦福大学物理学教授，1990年任该校物理系主任。从1983年起朱棣文开始从事原子冷却技术的研究。他荣获诺贝尔奖的科研项目的主要工作是1987年到1992年期间在斯坦福大学完成的。参加这项研究的有很多科学家，另有两人和他一起获诺贝尔物理学奖。朱棣文说，虽然他们是单独工作的，但“各自从不同方面做成了这件事。虽然我们的具体目标不一样，但这是一个异曲同工的贡献，我们的工作将造福人类。”

玻色－爱因斯坦凝聚与激光冷却

【历史故事】

1924年年轻的印度物理学家玻色寄给爱因斯坦一篇论文，提出了一种关于原子的新的理论。在传统理论中，人们假定一个体系中所有的原子都是可以辨别的。然而玻色却挑战了这一假定，认为在原子尺度上我们根本不可能区分两个同类原子（如两个氧原子）有什么不同。玻色的论文引起了爱因斯坦的高度重视，他将玻色的理论用于原子气体中，进而推测，在正常温度下，原子可以处于任何一个能级，但在非常低的温度下，大部分原子会突然跌落到最低的能级上，就好像一座突然坍塌的大楼一样。打个比方，练兵场上散乱的士兵突然接到指挥官的命令“向前齐步走”，于是他们迅速集合起来，像一个士兵一样整齐地向前走去。后来物理界将物质的这一状态称为玻色—爱因斯坦凝聚态（BEC），它表示原来不同状态的原子突然“凝聚”到同一状态。这就是崭新的玻爱凝聚态。

◆印度物理学家——玻色

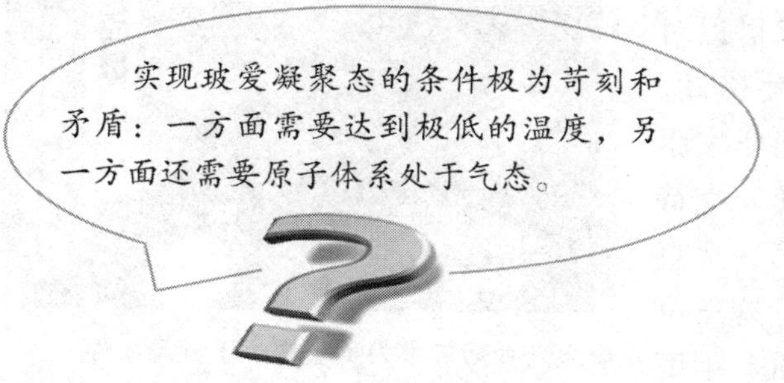

【突破发展】

后来物理学家使用稀薄的金属原子气体，金属原子气体有一个很好的特性：不会因制冷出现液态，更不会高度聚集形成常规的固体。实验对象找到了，下一步就是创造出可以冷却到足够低温度的条件。

◆极低温下的物质如何能保持气态呢？这实在令无数科学家头疼不已

◆从左至右依次为：德国科学家克特勒，美国科学家康奈尔，美国科学家维曼

由于激光冷却技术的发展，人们可以制造出与绝对零度仅仅相差十亿分之一度的低温。并且利用电磁操纵的磁阱技术可以对任意金属物体实行无触移动。1995年6月，两名美国科学家康奈尔、维曼以及德国科学家克特勒分别在铷原子蒸汽中第一次直接观测到了玻爱凝聚态。这三位科学家也因此而荣膺2001年度诺贝尔物理学奖。

◆激光冷却技术为实验提供了低温条件

广角镜：玻爱凝聚态的奇特性质

玻爱凝聚态有许多奇特的性质。例如：这些原子组成的集体步调非常一致，因此内部没有任何阻力；玻爱凝聚态的凝聚效应可以形成一束沿一定方向传播的宏观电子对波，这种波带电，传播中形成一束宏观电流而无需电压；原子凝聚体中的原子几乎不动，可以用来设计精确度更高的原子钟；玻爱凝聚态的研究可以延伸到其他领域，例如，利用磁场调控原子之间的相互作用，可以在物质第五态中产生类似于超新星爆发的现象，甚至还可以用玻色—爱因斯坦凝聚体来模拟

黑洞。

哈佛大学的两个研究小组用玻色—爱因斯坦凝聚体使光的速度降为零，将光储存了起来。尽管存储的时间只有短短的30微秒，但这是人类首次成功地利用气体充当存储媒介。

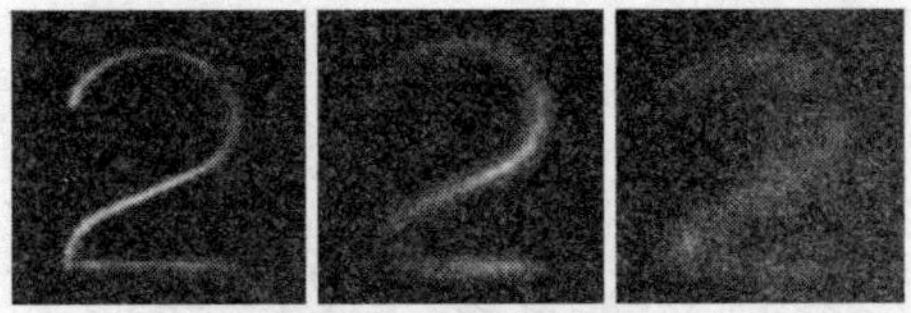

利用气体媒体存储图片

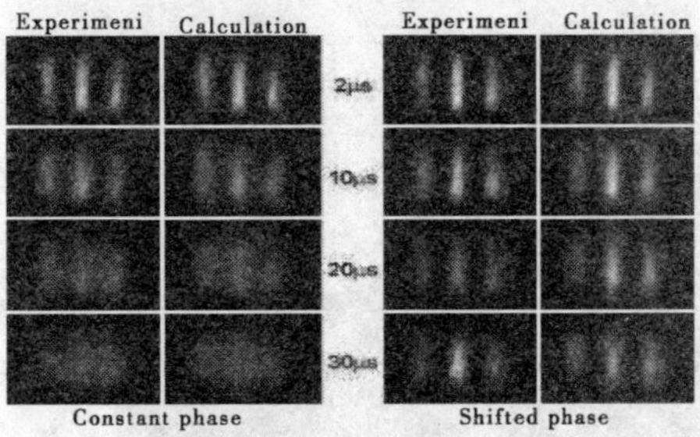

气体存储图片时间达到30微秒

◆将光储存起来

拓展思考

1. 哪几位科学家因激光冷却技术获得诺贝尔物理学奖？

2. 为什么要进行激光冷却？

3. 你知道美籍华裔科学家朱棣文的故事吗？

4. 激光冷却是怎样实现的？这个问题的解决面临什么难题？科学家是怎样解决的？

鬼斧神工——激光加工术

◆性能优越的激光束

大家还记得前面讲过激光具有哪些特性吗？对了，激光具有高亮度、高方向性、高单色性、高相干性四大特性。正是因为这些卓尔不凡的特性，使得它在工业中大显神威，带来了一股强劲的改革风暴。正是因为激光，让传统的加工技术黯然失色，正是因为激光，解放了工人的生产力。由于它是无接触加工，对工件无直接冲击，因此无机械变形；激光加工过程中无“刀具”磨损；激光加工过程中，激光束能量密度高，加工速度快，并且是局部加工，对非激光照射部位没有或影响极小。因此它是一种极为灵活的加工方法；生产效率高，加工质量稳定可靠，经济效益和社会效益好。

锋利的“光刀”——激光切割

◆激光切割钢板

根据激光束与材料相互作用的机理，大体可将激光加工分为激光热加工和光化学反应加工两类。激光热加工是指利用激光束投射到材料表面产生的热效应来完成加工的过程，包括激光焊接、激光切割、表面改性、激光打标、激光钻孔和微加工等；光化学反应加工是指激光束照射到物体，借助高密度高能光子引发或控制光化学反应的加工过程。包括光化学沉积、立体光刻、激光刻蚀等。

激光切割时无振动，无噪声，烟尘少，对环境污染少，而且可大大减少加工时间，降低加工成本，提高加工质量

激光切割的应用始于1963年，是在工业中最早应用的激光技术之一。激光切割彻底改变了传统切割的面貌。激光切割技术已广泛应用于金属和非金属材料的加工中，现代的激光成了人们曾经幻想追求的“削铁如泥”的“宝剑”。激光切割是用聚焦镜将激光束聚焦在材料表面，使材料熔化，同时用与激光束同轴的压缩气体吹走被熔化的材料，并使激光束与材料沿一定轨迹作相对运动，从而形成一定形状的切缝。

万能的“光焊”——激光焊接

激光焊接的应用始于1964年，在激光加工领域，其应用规模仅次于激光切割。这是一种新型的焊接方法，焊接时不需要填料和焊剂，既可以焊接一般的金属材料、非金属材料，又可以焊接难熔或极易氧化的材料，还能方便地在不同金属之间，甚至金属与非金属材料之间进行焊接。

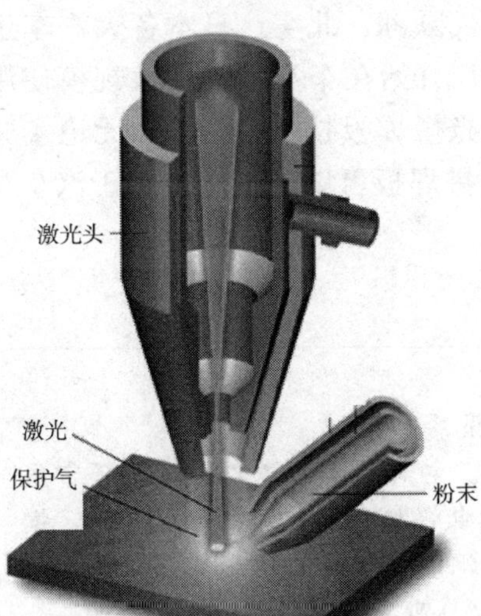

◆焊接结构示意图

激光焊接采用激光作为焊接热源，机器人作为运动系统。当激光光斑上的功率密度足够大时（>$106W/cm^2$），金属在激光的照射下迅速加热，其表面温度在极短的时间内升高至沸点，金属发生汽化。金属蒸汽以一定的速度离开金属熔池的表面，产生一个附加应力反作用于熔化的金属，使其向下凹陷，在激光斑下产生一个小凹坑。随着加热过程的进行，激光可以直接

射入坑底，形成一个细长的“小孔”。当金属蒸汽的反冲压力与液态金属的表面张力和重力平衡后，小孔不再继续深入。光斑功率密度很大时，所产生的小孔将不再继续深入。光斑密度很大时，所产生的小孔将贯穿于整个板厚，形成深穿透焊缝。小孔随着光束相对于工件而沿着焊接方向前进。金属在小孔前方熔化，绕过小孔流向后方，重新凝固形成焊缝。

由于激光可以通过透明材料，因此可以用来进行封闭器件内部的焊接。利用光束远距离传输能量的原理，可以在高温、高压、深冷、剧毒及放射性环境中进行远距离焊接。这些是传统焊接所无法比拟的。

激光焊接与汽车产业

◆大众汽车目前都是采用激光焊接的

20世纪80年代中期，激光焊接作为新技术在欧洲、美国、日本得到了广泛的关注。1985年德国蒂森钢铁公司与德国大众汽车公司合作，在Audi100车身上成功采用了全球第一块激光拼焊板。20世纪90年代欧洲、北美、日本各大汽车生产厂开始在车身制造中大规模使用激光拼焊板技术。目前，无论实验室还是汽车制造厂的实践经验，均证明了拼焊板可以成功地应用于汽车车身的制造。

原 理 介 绍

电焊的原理

电弧焊是目前应用最广泛的焊接方法。电焊的基本工作原理是将常用的220V电压或者380V的工业用电，通过电焊机里的减压器降低电压，增强了电流，利用电能产生的巨大热量熔化钢铁，焊条的融入使钢铁之间的融合性更高，还有，电焊条外层的药皮也起了非常大的作用。

据有关资料统计，在欧美发达工业国家中，有50%～70%的汽车零部件是用激光加工来完成的。其中主要以激光焊接和激光切割为主，激光焊接在汽车工业中已成为标准工艺。激光用于车身面板的焊接可将不同厚度和具有不同表面涂镀层的金属板焊在一起，然后再进行冲压，这样制成的面板结构能达到最合理的金属组合。由于很少变形，也省去了二次加工。激光焊接加速了用车身冲压零件代替锻造零件的进程。采用激光焊接，可以减少搭接宽度和一些加强部件，还可以压缩车身结构件本身的体积。仅此一项就可使车身的重量减少 50kg 左右。而且激光焊接技术能保证焊点连接达到分子层面的接合，有效提高了车身的刚度和碰撞安全性，同时有效降低了车内噪声。缺点是要求焊件装配精度高，且要求光束在工件上的位置不能有显著偏移。这是因为激光聚焦后光斑尺寸小，焊缝窄。如果工件装配精度或光束定位精度达不到要求，很容易造成焊接缺陷。

精细的“光钻”——激光打孔

◆激光打孔

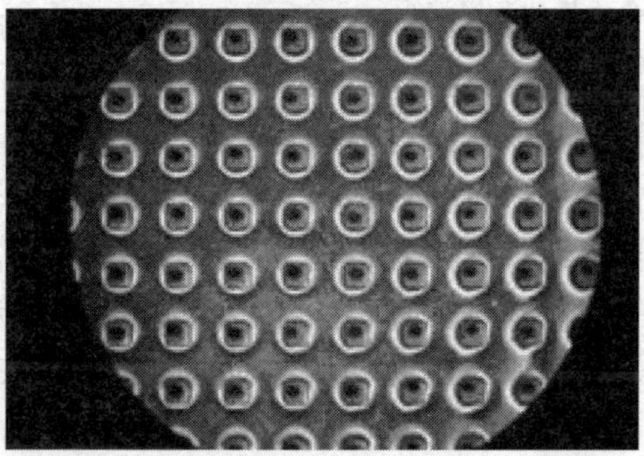

◆在陶瓷上打孔

由于激光具有高能量、高聚焦等特性，激光打孔加工技术广泛应用于众多工业加工工艺中，使得硬度大、熔点高的材料越来越容易加工。例如，在高熔点金属钼板上加工微米量级孔径；在硬质碳化钨上加工几十微米的小孔；在红、蓝宝石上加工几百微米的深孔以及金刚石拉丝模具、化学纤维的喷丝头等。利用激光束在空间和时间上高度集中的特点，可轻而易举地将光斑直径缩小到微米级，从而获得很高的激光功率密度。如此高的功率密度几乎可以在任何材料上实行激光打孔。在激光出现之前，只能用硬度较高的物质在硬度较低的物质上打孔，因此要在硬度最高的金刚石上打孔，就成了极其困难的事。激光出现后，这一类的操作就能又快又安全地完成，而且激光特别适合于加工细小的深孔。

毫不变形——激光淬火

◆齿轮的激光淬火

激光淬火技术是利用聚焦后的激光束快速加热钢铁材料表面，使其发生相变。激光淬火的功率密度高，冷却速度快，不需要水或油等冷却介质，是清洁、快速的淬火工艺。与感应淬火、火焰淬火、渗碳淬火工艺相比，激光淬火淬硬层均匀，硬度高，工件变形小。尤其重要的是激光淬火前后工件的变形几乎可以忽略，因此特别适合高精度要求的零件表面处理。激光淬硬层的深度依照零件成分、尺寸与形状以及激光工艺参数的不同，一般在 0.3～2.0mm 之间。对大型齿轮的齿面、大型轴类零件的轴颈进行淬火，表面粗糙度基本不变，不需要后续机械加工就可以满足实际工况的需要。激光熔凝淬火技术是利用激光束将基材表面加热到熔化温度以上，利用基材内部导热冷却而使熔化层表面快速冷却并凝固结晶的工艺过程。获得的熔凝淬火组织非常致密，沿深度方向的组织依次为熔化－凝固层、相变硬化层、热影响区和基材。激光熔凝层比激光淬火层的硬化深度更深、硬度更高，耐磨性也更好。

知识窗

什么是淬火？

淬火是将金属工件加热到某一适当温度并保持一段时间，随即浸入淬冷介质中快速冷却的一种金属热处理工艺。常用的淬冷介质有盐水、水、矿物油、空气等。淬火可以提高金属工件的硬度及耐磨性，因而广泛应用于各种工、模、量具及要求表面耐磨的零件（如齿轮、轧辊、渗碳零件等）的热处理。

新型艺术——激光雕刻

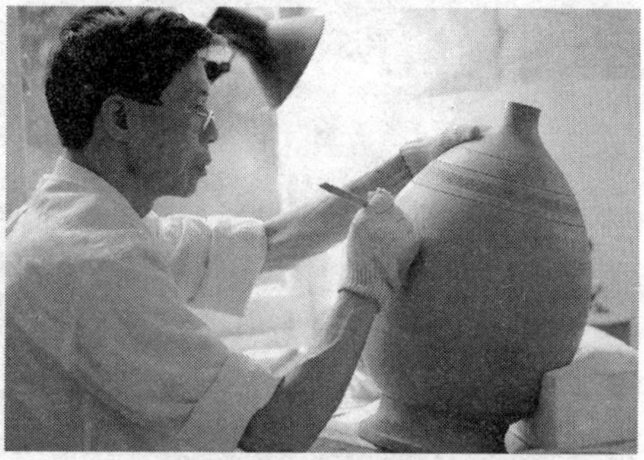
◆传统的雕刻工艺

◆激光皮革材料上雕刻镂空

雕刻是大众喜欢的一门艺术，它是在木板、竹片、玻璃、陶瓷、皮革、石板等材料上刻图案。传统雕刻是以手工的方式运用刀、斧等工具在木材、石材等基料上进行艺术创作。现代雕刻根据工具和方法的不同可分为化学蚀刻、电蚀刻、手工雕刻、激光雕刻、标记雕刻、机械雕刻、辊模雕刻等。在本专题中，我们来讲一下利用激光刀进行雕刻。所谓激光刀是一束聚焦成直径很细小的激光。用激光雕刻刀作雕刻，比用普通雕刻刀更方便、更迅速。用普通雕刻刀在坚硬的材料上，比如在花岗岩、钢板上作雕刻，或者是在一些比较柔软的材料，比如皮革上作雕刻，就比较吃力，刻一幅图案要花比较长的时间。如果用激光雕刻刀来做则不然，因为它是利用激光的能量在材料上“烧”出线条的，不需要和材料接触，材料硬或者柔软，并不妨碍“烧”的速度。所以，用这种雕刻刀作雕刻，不管是在坚硬的材料，或者是在柔软的材料上雕刻，刻划的速度一样。倘若与电脑相配合，控制激光束移动，雕刻工作还可以自动化。由于聚焦后的激光束很细，相当于非常灵巧的雕刻刀，雕刻的线条细，图案上的细节就能处理得比较好。

广角镜：韩国打造世界上最小雕塑

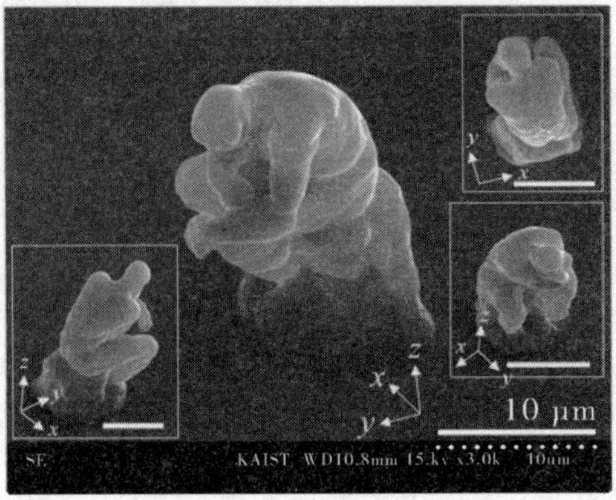

◆微型《思想者》

19世纪法国艺术家罗丹创作的雕塑“思想者”是世界上最著名的雕像之一，而韩国科学家利用激光雕刻了一座微型“思想者”，只有两个红细胞大，五万分之一米高。尽管雕塑如此之小，但仍可以看到一个强有力的巨人弯腰屈膝地坐着，右手托腮，嘴咬着自己的手，他默默凝视着下面，其肌肉甚至脚趾都清晰可见。韩国科学家表示，此新技术将有助于开发新颖的生物传感器和其他精密微型仪器。十多年来，全世界的研究人员都在尝试利用激光创作精微三维作品。起初，他们利用一种碰到某种频率的光就变硬的树脂进行尝试。通过多个激光束，研究人员让雕塑作品栩栩如生起来，甚至连小于可见光波长大小的点点细节也能充分表现出来。

拓展思考

1. 激光切割利用的是激光的什么特性？它有什么优点？
2. 为什么能利用激光进行焊接？
3. 激光打孔的优点是什么？
4. 你见过激光雕刻吗？留心你身边的事物，找找哪些与激光加工有关。

特殊的光源——激光光谱

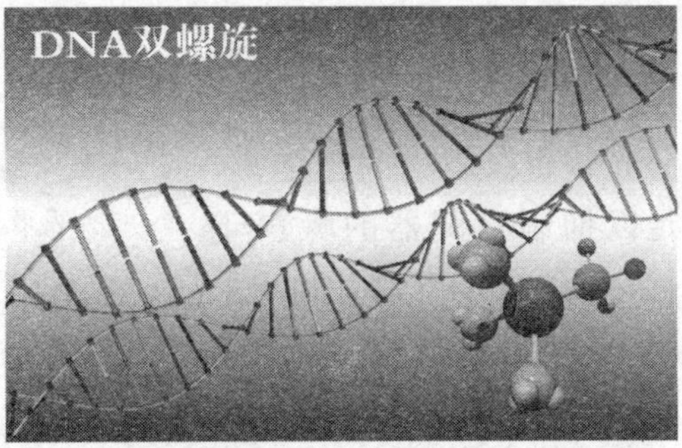

◆激光光谱技术成为研究微观世界的“利器”

与普通光源相比，激光光源具有单色性好、亮度高、方向性强和相干性强等特点，是用来研究光与物质的相互作用，从而辨认物质及其所在体系的结构、组成、状态和变化的理想光源。激光的出现使原有的光谱技术在灵敏度和分辨率方面得到很大的改善。由于已能获得强度极高、脉冲宽度极窄的激光，对多光子过程、非线性光化学过程以及分子被激发后的弛豫过程的观察成为可能，并分别发展成为新的光谱技术。激光光谱学已成为与物理学、化学、生物学及材料科学等密切相关的研究领域。

元素的“身份证”——吸收光谱

太阳光谱是一种吸收光谱，这是因为太阳发出的光穿过温度比太阳本身低得多的太阳大气层，而在这大气层里存在着从太阳里蒸发出来的许多元素的气体，太阳光穿过它们的时候，跟这些元素的标识谱线相同的光都被这些气体吸收掉了，因此我们看到的太阳光谱在连续光谱的背景上分布着许多条暗线。这些暗线是德国物理学家夫琅和费首先发现的，称为夫琅和费线。最初不知道这些暗线是怎样形成的，后来人们了解了吸收光谱的成因，才知道这是太阳内部发出的强光经过温度比较低的太阳大气层时产生的吸收光谱。仔细分析这些暗线，把它跟各种原子的特征谱线对照，人们就知道了太阳大气层中含有氢、氦、氮、碳、氧、铁、镁、硅、钙、钠等几十种元素。

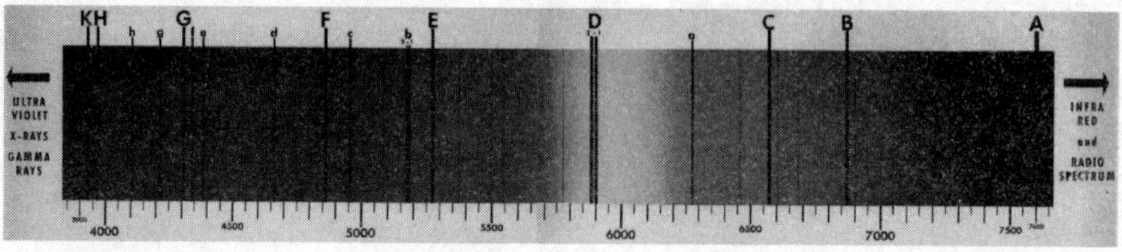

◆太阳的连续光谱

激光用于吸收光谱可取代普通光源，省去单色器或分光装置。激光的强度高，足以抑制检测器的噪声干扰，激光的准直性有利于采用往复式光路设计，以增加光束通过样品池的次数。所有这些特点均可提高光谱仪的检测灵敏度。

通过大量实验观察总结出一条规律：每种元素所发射的光的频率跟它所吸收的光频率是相同的。

用分光光度计能精确测定光合色素的吸收光谱。叶绿素最强的吸收区有两处：波长 640～660nm 的红光部分和 430～450nm 的蓝紫光部分。叶绿素对橙光、黄光吸收较少，尤以对绿光的吸收最少，所以叶绿素的溶液呈绿色。

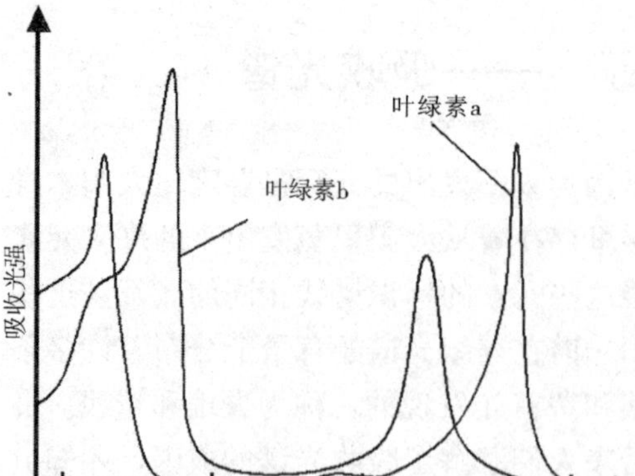

◆光合色素的吸收光谱

叶绿素 a 和叶绿素 b 的吸收光谱很相似，但也稍有不同：叶绿素 a 在红光区的吸收峰比叶绿素 b 的高，而蓝光区的吸收峰则比叶绿素 b 的低，也就是说，叶绿素 b 吸收短波长蓝紫光的能力比叶绿素 a 强。

类胡萝卜素的吸收光谱带在 400～500nm 的蓝紫光区，它们基本不吸收红、橙、黄光，从而呈现橙黄色或黄色。藻蓝蛋白的吸收光谱最大值是在橙红光部分，而藻红蛋白则是在绿光部分。

植物体内不同光合色素对光波的选择吸收是植物在长期进化中形成的对生态环境的适应，这使植物可利用各种不同波长的光进行光合作用。

名人介绍：德国物理学家——夫琅和费

夫琅和费集工艺家与理论家的才干于一身，把丰富的实践经验与理论结合起来，对光学和光谱学作出了重要贡献。1814 年用自己改进的分光系统，发现并仔细研究了太阳光谱中的若干条暗线（现称为夫琅和费线）。他利用衍射原理测出它们的波长。他用这些谱线测量各种光学玻璃的折射率，达到了以前从未有过的精度，解决了大块高质量光学玻璃制造的难题。夫琅和费自学成才，一生勤奋刻苦，终身未婚，1826 年 6 月 7 日因肺结核在慕尼黑逝世。

◆德国物理学家——夫琅和费

检测能手——激光荧光光谱

逢年过节，酒水是中国家庭和朋友团聚时餐桌上少不了的饮品，同时酒类也是中国传统的礼品之一。但是市场上的假酒泛滥，一不小心就容易买到假酒，如果是自己喝会影响健康和心情，若是赠送亲友，这些假酒可能会损害亲友之间的关系，因此，假酒可谓是害人不浅，必须认真鉴别，防止上当。那么在实验室，工作人员是如何用仪器把不法商贩的本来面目揭示出来的呢？荧光光谱技术就是其中一种快捷、方便、便宜、准确的方法。

◆如何才能辨别真假酒？

讲解：什么是荧光？

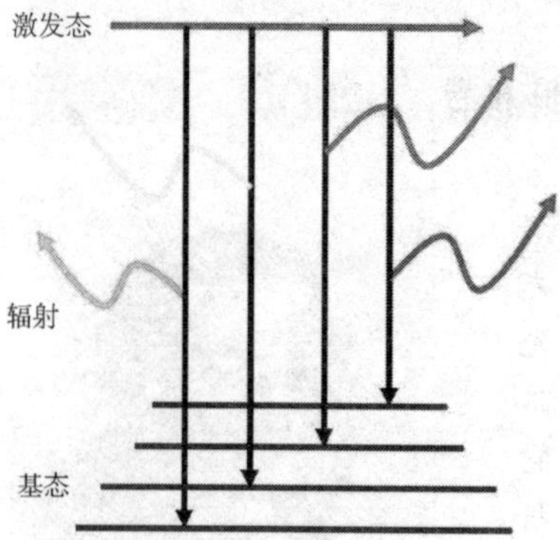

◆能级的跃迁

要了解荧光光谱，首先要知道荧光。又作“萤光”，是指一种光致发光的冷发光现象。荧光是物质吸收电磁辐射后受到激发，受激发原子或分子在去激发过程中再发射波长与激发辐射波长相同或不同的辐射。当激发光源停止辐照试样以后，再发射过程立刻停止，这种再发射的光称为荧光。在日常生活中，人们通常广义地把各种微弱的光亮都称为荧光，而不去仔细追究和区分其发光原理。

荧光光谱技术的原理

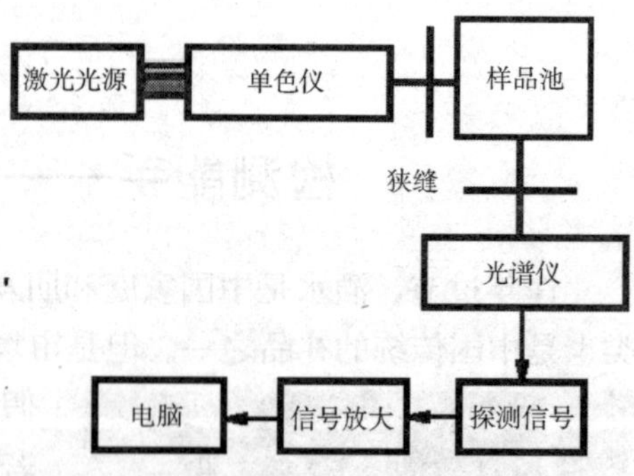

◆荧光光谱仪结构图

近年来激光荧光分析应用日益广泛，它采用激光器作为光源，有氮激光器、氩离子激光器等。产生荧光的第一个必要条件是该物质的分子必须具有能吸收激发光的结构（通常是共轭双键结构）；第二个条件是该分子必须具有一定程度的荧光效率。使激发光的波长和强度保持不变，而让荧光物质所发生的荧光通过发射单色器照射于检测器上，调节发射单色器至各种不同波长处，由检测器测出相应的荧光强度，然后以荧光波长为横坐标，以荧光强度为纵坐标作图，即为荧光光谱，又称荧光发射光谱。让不同波长的激发光激发荧光物质使之发生荧光，而让荧光以固定的发射波长照射到检测器上，然后以激发光波长为横坐标，以荧光强度为纵坐标，所绘制的图即为荧光激发光谱，又称激发光谱。

链接：光致冷发光——磷光

磷光是一种缓慢发光的光致冷发光现象。当某种常温物质经某种波长的入射光（通常是紫外线或X射线）照射，吸收光能后进入激发态，然后缓慢地退激发并发出比入射光的波长长的出射光（通常波长在可见光波段），当入射光停止后，发光现象持续存在。发出磷光的退激发过程是被量子力学的跃迁选择规则禁戒的，因此这个过程很缓慢。所谓的“在黑暗中发光”的材料通常都是磷光性材料。其中，夜明珠就是发射磷光的。它能在无光的环境中发出各种色泽的晶莹光辉。夜明珠在中国5000年文明史中是最具神秘色彩、最为稀有、最为珍贵的珍宝，并为皇权私有。夜明珠有着很深厚的历史底蕴和文化内涵。

◆夜明珠

“敏感”的荧光光谱

高强度激光能够使吸收物种中相当数量的分子提升到激发量子态。因此极大地提高了荧光光谱的灵敏度。以激光为光源的荧光光谱适用于超低浓度样品的检测，例如用氮分子激光泵的可调染料激光器对荧光素钠的单脉冲检测限值已达到 10^{-10} 摩尔/升，比用普通光源得到的最高灵敏度提高了一个数量级。荧光光谱技术因其具有非常高的灵敏度和分子特异性，方便、快速，在生物物理、

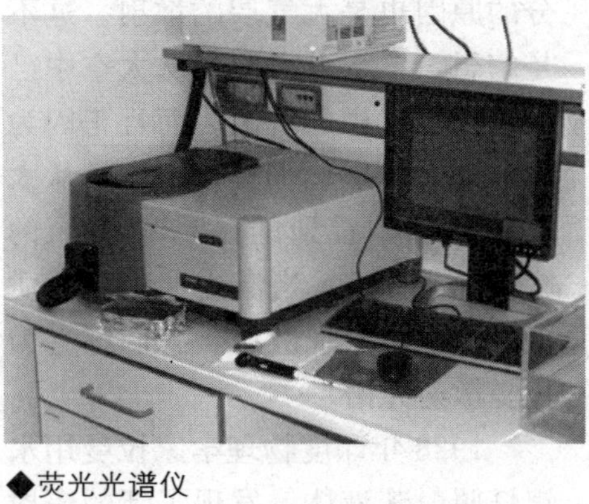

◆荧光光谱仪

所谓荧光效率是荧光物质吸光后所发射的荧光量子数与吸收的激发光的量子数的比值。

生物化学以及医学诊断等领域已获得广泛应用，荧光光谱可揭示样品中荧光团的组分和分布。因此检测样品的各种荧光光谱获得结构变化信息的研究已成为该领域研究的热点之一。

散射与散射拉曼光谱

没有散射，我们在白天看到的天空将与晚上一样，唯一不同的是有一个十分明亮的太阳在黑色的背景上发出耀眼的光芒。

散射是一种普遍存在的光学现象。在光通过各种浑浊介质时，有一部分光会向各个方向散射，沿原来的入射或折射方向传播的光束减弱了，即使不迎着入射光束的方向，人们也能够清楚地看到这些介质散射的光。这种现象就是光的散射。我们生活在地球上，有白天和晚上之分的原因也是大气层的散射。这不是幻想，事实上宇航员从太空中已经看到了这样的现象。而且正因为地球被大气层包围着，宇航员从太空看地球，看到的是一个美丽的“蓝色的星球”。当激光照射到物质上时，也会出现散射，我们称它为拉曼散射光谱。

◆大气中的散射现象

1928 年印度物理学家拉曼用水银灯照射苯液体，发现了新的辐射

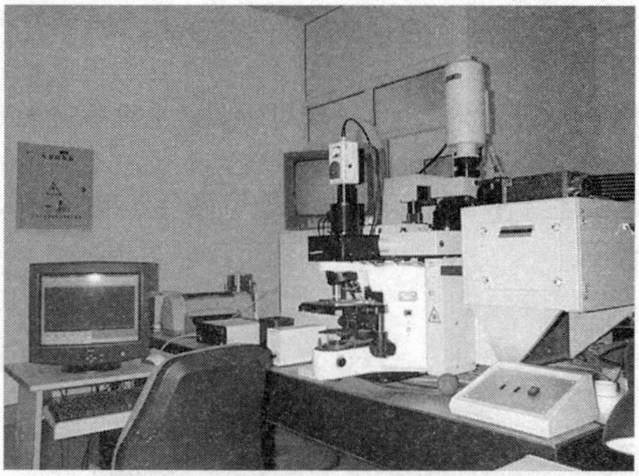
◆南京大学的拉曼光谱仪

谱线。在透明介质的散射光谱中，频率与入射光频率相同的成分称为瑞利散射；频率对称分布在入射光频率两侧的谱线即为拉曼光谱，其中频率较低的成分又称为斯托克斯线，频率较高的成分又称为反斯托克斯线。1962年，珀托和伍德首次报道了运用脉冲红宝石激光器作为拉曼光谱的激发光源来开展拉曼散射的研究。从此激光拉曼散射成为众多领域在分子原子尺度上进行振动谱研究的重要工具。激光器的问世，提供了优质高强度单色光，有力推动了拉曼散射的研究及其应用。拉曼光谱的应用范围遍及化学、物理学、生物学和医学等各个领域，对于纯定性分析、高度定量分析和测定分子结构都有很大价值。

天空为什么是蓝色的?

◆天为什么这么蓝?

瑞利散射可以解释天空为什么是蓝色的。白天，太阳在我们的头顶，当日光经过大气层时，与空气分子（其半径远小于可见光的波长）发生瑞利散射，因为蓝光比红光的波长短，发生的瑞利散射比较激烈，被散射的蓝光布满了整个天空，从而使天空呈现蓝色。而太阳本身及其附近呈现白色或黄色，是因为此时你看到更多的是直射光而不是散射光，所以日光的颜色（白色）基本未改变，呈现出波长较长的红黄色光与蓝绿色光（少量被散射了）的混合。

当日落或日出时，太阳几乎在我们视线的正前方，此时太阳光在大气中要走相对较长的路程，你所看到的直射光中的蓝光大量都被散射了，只剩下红橙色的光，因此日落时太阳附近呈现红色，而天空的其他地方由于光线很弱，就呈现非常昏暗的蓝黑色。如果是在月球上，因为没有大气层，天空即使在白天也是黑的。

拉曼光谱仪的结构

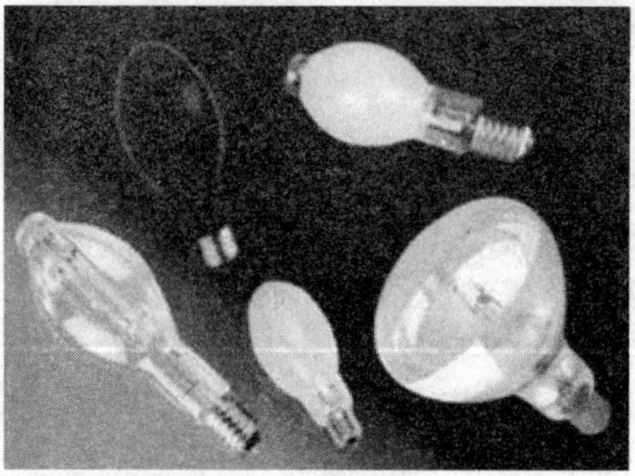

◆汞灯已经被激光光源所替代

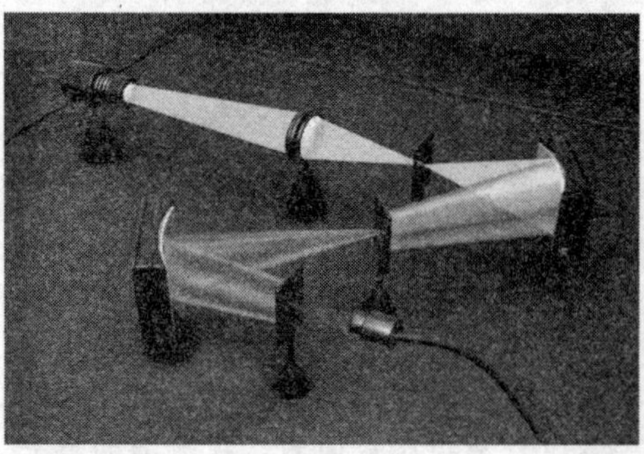

◆单色仪

拉曼光谱仪一般由光源、外光路、色散系统、接收系统、信息处理与显示五个部分构成。

光源的功能是提供单色性好、功率大并且最好能多波长工作的入射光。目前拉曼光谱实验的光源已全部用激光器代替过去使用的汞灯。

外光路部分包括聚光、集光、样品架、滤光和偏振等部件。用一块或两块焦距合适的会聚透镜，使样品处于会聚激光束的腰部，以提高样品光的辐照功率，可使样品在单位面积上辐照功率比不用透镜会聚前增强 10^5 倍。样品架的设计要保证使照明最有效和杂散光最少，尤其要避免入射激光进入光谱仪的入射狭缝。为此，对于透明样品，最佳的样品布置方案是使样品被照明部分呈光谱仪入射狭缝形状的长圆柱体，并使收集光方向垂直于入射光的传播方向。同时光路中还必需有滤光装置。安置滤光部件的主要目的是为了抑制杂散光以提高拉曼散射的信噪比。如果要做偏振谱测量时，必须目前，拉曼散射研究在国内外相当活跃。到2010年已召开了21届国际拉曼光谱会议。

在外光路中插入偏振元件。加入偏振旋转器可以改变入射光的偏振方向。

色散系统使拉曼散射光按波长在空间分开，通常使用单色仪。目前，拉曼散射信号的接收类型分单通道和多通道接收两种。光电倍增管接收就是单通道接收。为了提取拉曼散射信息，常用的电子学处理方法是直流放大、选频和光子计数，然后用记录仪或计算机接口软件画出图谱。

名人介绍：印度物理学家——拉曼

拉曼是印度一位伟大的物理学家，他因为在光散射和拉曼效应方面的研究工作而在1930年获得诺贝尔物理学奖，当时他是亚洲第一位获此殊荣的科学家。他同时也作了有关声学、光学、结晶动态学、颜色和它们在感知上的研究。为纪念拉曼而命名的拉曼效应在分子能级的研究上是十分有价值的，并进一步扩大到拉曼光谱，这是一种分析分子结构的强有力的分析方法。继激光的发现之后，它的应用领域也进一步扩大。

◆印度著名物理学家——拉曼

拉曼散射技术的飞跃发展

拉曼光谱仪经历了从色散型拉曼光谱仪开始，发展到傅立叶变换拉曼光谱仪（测量快速）、共振拉曼光谱仪（增强散射截面，抑制荧光）、紫外

◆小型拉曼光谱仪——能耗小，效率高

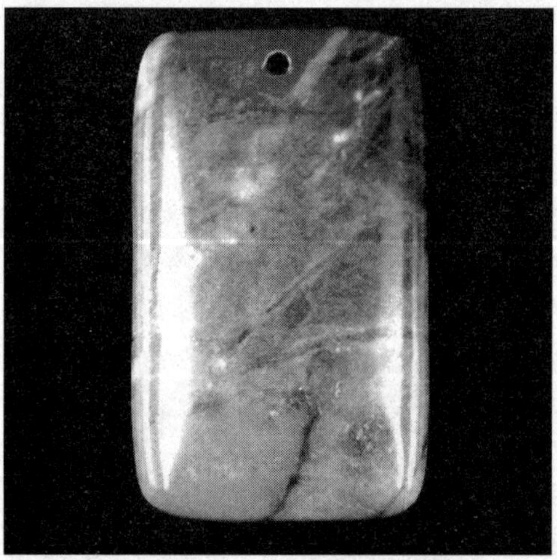

◆天然鸡血石

拉曼光谱仪（紫外光的穿透深度浅，特别适合探测获得表面信息）、小型拉曼光谱仪（能耗小，效率高，适合长时间工作）的发展过程。利用共聚焦效应可以测量不同深度层面的拉曼光谱信息和图像，进行三维立体拉曼光谱的测量研究工作。利用输出功率大的激光脉冲作为激发光源，其优点是信噪比高、相干性好。利用超快脉冲技术，发展纳秒、皮秒、飞秒时间分辨拉曼光谱技术，可以研究分子、原子跃迁过程。结合近场光学显微镜的特点发展的近场拉曼光谱仪、近场拉曼图像仪，扩展了光学衍射的分辨极限。结合利用表面增强效应，提高测试精度和灵敏度，可以测量单分子的拉曼光谱。结合共聚焦的深度层面探测，可以获得三维立体拉曼图谱和图像。

拉曼散射的应用涉及许多学科领域，例如：物理学，化学，材料科学，电子科学，生物生命科学，医学，环境科学，地球科学，天体科学等。拉曼散射研究涉及的材料研究方面的应用前景相当广阔。通过对拉曼光谱的分析，可以鉴别物质，分析物质的性质。下面举一个例子。

天然鸡血石和仿造鸡血石的拉曼光谱有本质的区别，前者主要是地开石和辰砂的拉曼光谱，后者主要是有机物的拉曼光谱，利用拉曼光谱可以区别两者。对不同物质的拉曼光谱进行比对，可以知道，天然鸡血石样品“血”既有辰砂又有地开石，实际上是辰砂与地开石的集合体。仿造鸡血石“地”的主要成分是聚苯乙烯－丙烯腈，“血”与一种名为永固红的红色有机染料的拉曼光谱基本吻合。

广角镜：电荷耦合器件——CCD

目前使用的感光器件主要有电荷耦合器件（CCD）、光电倍增管(PMT)。CCD最突出的特点是以电荷作为信号，其基本功能是电荷存储和电荷转移。因此，CCD的工作过程主要是电荷的产生、存储、传输和检测。CCD的体积小、造价低。2009年诺贝尔物理学奖由高锟、韦拉德·博伊尔和乔治·史密斯三人分享。

◆博伊尔（左）和史密斯（右）在做实验

威拉德·博伊尔和乔治·史密斯是电荷耦合器件（CCD）图像传感器的发明者，他们的发明如今已被广泛应用于摄像机、照相机等图像采集设备。正是CCD的发明使得图像采集发生了由胶片向数码的巨大转变。在各种感光器件中，光电倍增管是性能最好的一种，无论在灵敏度、噪声系数还是动态范围上，都遥遥领先于其他感光器件，而且它的输出信号在相当大范围内保持着高度的线性输出，使输出信号几乎不用做任何修正就可以获得准确的色彩还原。由于它具有固定的高电流增益和低噪声的特性，因此是最灵敏的一种光检测器。在所有的扫描技术中，光电倍增管是性能最为优秀的一种，其灵敏度、噪声系数、动态密度范围等关键性指标远远超过了CCD及CIS(接触式图像传感器)等感光器件。

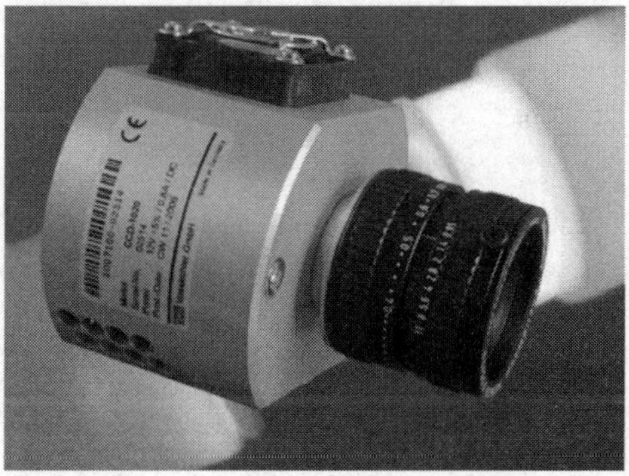

◆CCD的应用已经非常普遍了

拓展思考

1. 激光光谱是什么意思?
2. 激光荧光光谱有什么用途?
3. 联想这一节的内容，讲讲荧光光谱的特点?
4. 你能不能用物理学的原理解释一下天空为什么是蓝色的?

探求无穷的绿色能源
——激光核聚变

目前的世界面临着三个相互联系的主要问题：自然资源短缺（主要指能源、粮食和水）、人口增长迅速、环境污染生态破坏。而最严重的问题是潜在的能源短缺，因为能源是满足人类一切物质需要的基础，是衣、食、住、行和娱乐的基本保障。全球性能源短缺，石油价格不断攀升，正在迫使世界各国寻找新的能源途径，其中核能利用是许多国家高度重视的领域。一提到核能，我们马上就会想到令人恐怖的原子弹和核辐射。然而，也有不少核反应是“干净”的，激光引发的核聚变就是其中一种。

◆中国第一颗氢弹爆炸场景

什么是核聚变？

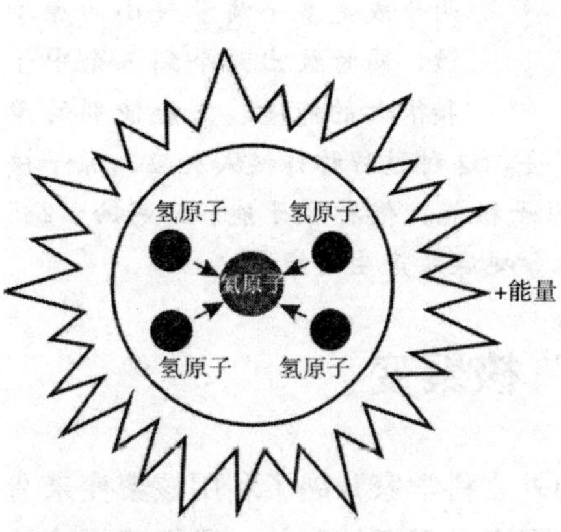

◆核聚变示意图

我们知道，原子核除了能裂变外，还能聚变。自然界中，太阳内部的温度高达1千万℃以上，在那里就进行着大规模的聚变反应。太阳辐射出的光和热，正是由聚变反应释放的核能转化而来的。可以说，地球上的人类每天都享用着聚变释放出的能量。激光核聚变就是利用激光照射核燃料使之发生核聚变反应。20世纪

50年代，科学家首次用氢的同位素氘和氚的聚合反应制造出氢弹。由于激光核聚变与氢弹的爆炸在许多方面非常相似，所以，20世纪60年代，当激光器问世以后，科学家就开始致力于利用高功率激光使聚变燃料发生聚变反应，来研究核武器的某些重要物理问题。

目前人类已经可以实现不受控制的核聚变，氢弹是靠原子弹爆炸产生的高热来触发的。科学家正努力研究如何控制核聚变。

目前，核聚变反应的燃料是氢的同位素氘和氚。要实现核聚变不是一件容易的事，它需要近亿摄氏度的高温，用常规的加热方法是无法达到的，最初只有原子弹爆炸时可以达到这个温度。

链接：核裂变反应原理

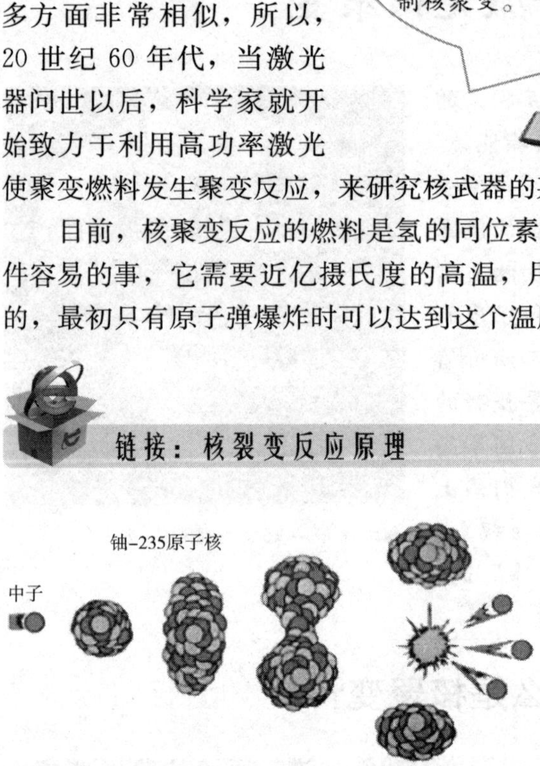

◆核裂变及链式裂变反应

一个原子核可以分裂成几个原子核。只有一些质量非常大的原子核像铀、钍等才能发生核裂变。这些原子的原子核在吸收一个中子以后会分裂成两个或更多个质量较小的原子核，同时放出两个到三个中子和很大的能量，又能使别的原子核接着发生核裂变……使过程持续进行下去，这种过程称作链式反应。原子核在发生核裂变时，释放出的巨大能量称为原子核能，俗称原子能。1克铀－235完全发生核裂变后放出的能量相当于燃烧2.5吨煤所产生的能量。

激光“引爆”核聚变

此后，除了继续研究用作武器的氢弹外，科学家开展了利用核聚变来造福人类的研究。显然，用原子弹引发的核聚变是不可控制的，我们还无法处

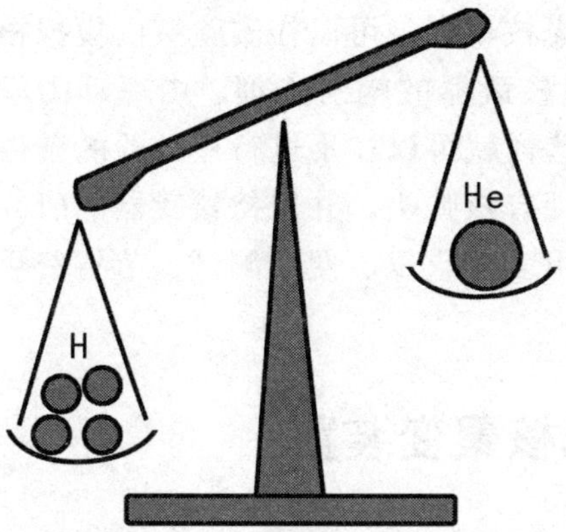

◆氢核聚变为氦核反应的前后要损失质量

理和利用瞬间产生的高能量，因而无法用来发电。要和平利用核聚变，就得使聚变反应可控地、缓缓地进行。因此，科学家想通过控制氘或氚的聚变反应的速度，来利用核聚变释放的能量。

、 人工控制的持续核聚变反应可分为磁约束核聚变和惯性约束核聚变两大类。后者又可分为激光核聚变、粒子束核聚变和电流脉冲核聚变。激光技术的发展，使可控核聚变的“点火”难题有了解决的可能。

万 花 筒

“干净”的氢弹

采用激光作为点火源后，高能激光直接促使氘氚发生热核聚变反应。这样，氢弹爆炸后，就不产生放射性裂变产物，所以，人们称利用激光核聚变方法制造的氢弹为“干净的氢弹”。传统的氢弹属于第二代核武器，而“干净的氢弹”则属于第四代核武器。

激光核聚变在军事上的重要用途之一是发展新型核武器，特别是研制新型氢弹。因为通过高能激光代替原子弹作为氢弹点火装置实现的核聚变反应，可以产生与氢弹爆炸同样的等离子体条件，为核武器设计提供物理学数据、检验有关计算程序，进而制造出新型核武器，成为战争中新的“杀手”。

科学家开始致力于利用高功率激光引发核聚变的试验。目前，激光器的最大输出功率达100万亿瓦，足以“点燃”核聚变。

一旦激光核聚变技术成熟，制造干净氢弹的成本将是比较低的。这是因为不仅核聚变的燃料氘几乎取之不尽，而且，激光核聚变还能使热核聚变反应变得更加容易。通过激光核聚变，可以在实验室内模拟核武器爆炸的物理过程及爆炸效应，模拟核武器的辐射物理、内爆动力学等，为研究核武器物理规律提供依据，这样就可以在不进行核试验的条件下，继续拥有安全可靠的核武器，改造现有核弹头，并保持核武器的研究和发展能力。此外，激光核聚变还具有可多次重复、便于测试、节省费用等优点。

小太阳——激光核聚变装置

◆美国国家点火装置实验室位于加利福尼亚

在美国加利福尼亚州利弗莫尔国家实验室里，有美国政府投入了总额为 30 亿美元的激光核聚变设施“国家点火装置”，它的作用是使氢原子发生核聚变而产生一个小太阳，理论上将带给我们一个无尽的能源来源。

这一切开始于一束激光，这束激光被分割为 48 束，接着这些激光束被反射镜引导进入放大器（在进入放大器之前将被总计为 7689 个氙闪光灯所激励），之后经过 4 次反射，通过整个设备（有 3 个足球场大小）后进一步被分成 192 束。经过了那些似乎没有终点的管道后，这些激光被以指数级别地放大。

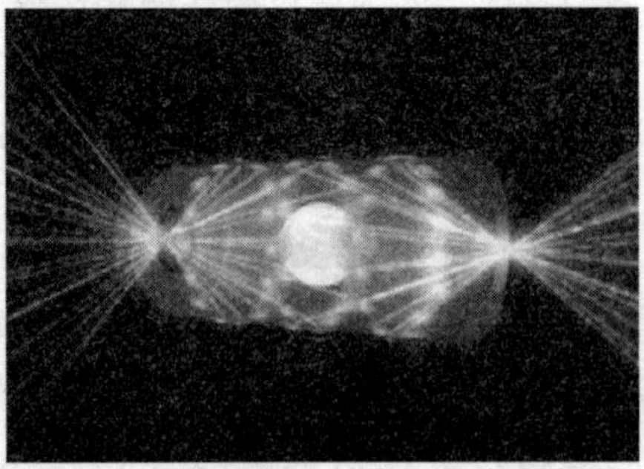
◆激光核聚变装置激光照射靶物球芯时，辐射空腔两端的光线情况

结果是从一束十亿分之一焦耳的激光，经过美国国家实验室的科技人员利用这些设施变成了“总计为 180 万焦耳的紫外线辐射能量”。也就是说相当于美国的所有发电厂发电量的 1000 倍，5 兆瓦。

这些激光将用来压缩上图这样的一个豌豆大小的氘－氚粒状物，粒状物被封入一个称为“hohlraum”的镀辐射出的激光能量达到5兆瓦，这个数据是美国一年发电厂发电量的1000倍。

金圆筒。然后将这个Hohlraum安装在直径约为1米的称为黑体辐射空腔的靶室中央，192条激光束聚焦在Hohlraum上，并生成极强的X射线，在高温和辐射的作用下，粒状物将转化为等离子体，且压力不断升高，直至发生聚变。核聚变反应寿命很短，大约只有百万分之一秒，但它释放的能量是引发核聚变所需能量的50到100倍。在这种类型的反应堆中，需要相继点燃多个目标，才能产生持续的热量。据科学家估计，每个目标的成本可控制在0.25美元左右，从而大大降低了核电厂的成本。

紧跟世界的研究步伐

由于激光核聚变具有非常重要的意义，世界各国都在加紧研究，并展开激烈的竞争。这里所介绍的是国际上几种有代表性的激光核聚变装置。

托卡玛克核聚变

早期比较有希望的一种激光核聚变装置是由原苏联发明的，称为托卡玛克。同一时期，美国也在研究类似的系统。

托卡玛克具有环形结构，工作时，有20束激光同时照射填充着氢同位素的靶中心，其中10束从装置上方入射，另外10束则来自底部。要求用3万升/分流量的水加以致冷。这属于间接驱动方式。由美国能源部投资2.84亿美元建造的类似系统从1982年开始在普林斯敦大学运转。

◆托卡玛克结构

20世纪80年代中期，美国国家实验室建造了一个称为诺瓦的装置。

用钕玻璃固体激光的3倍频率作点火光源，波长351纳米，脉冲能量45千焦，脉宽2.5纳秒（因而峰值功率为1.8×10^{13}瓦）。该装置全长66米，靶室长30米，1.8米厚的混凝土墙壁保护工作人员免受激光冲击波的烧灼。

链接：准分子激光器

以准分子为工作物质的一类气体激光器件，常用相对论电子束（能量大于200千电子伏特）或横向快速脉冲放电来实现激励。当受激态准分子的不稳定分子键断裂而离解成基态原子时，受激态的能量以激光辐射的形式放出。

中国惯性约束核聚变研究

◆神光Ⅰ号

我国著名物理学家王淦昌院士1964年就提出了激光核聚变的初步理论，从而使我国在这一领域的科研工作走在当时世界各国的前列。1974年，我国采用一路激光驱动聚氘乙烯靶发生核反应，并观察到氘氘反应产生的中子。此外，著名理论物理学家于敏院士在20世纪70年代中期就提出了激光通过入射口，打进重金属外壳包围的空腔，以X光辐射驱动方式实现激光核聚变的概念。1986年，我国激光核聚变实验装置“神光”研制成功，聂荣臻元帅还专门写信祝贺。

中国于20世纪80年代前期研制成功当时国内功率最高的钕玻璃固体激光器，即被称为“神光Ⅰ号”的装置。

1993年，经国务院批准，惯性约束核聚变研究在国家863高技术计划中正式立项，从而推动了中国这一领域工作在上述三个方面更迅速地发展。首先表现在，由中国科学院和中国工程物理研究院联合研制的功率更高的神光Ⅱ号固体激光器问世，它首次采用国际上多项先进技术，成为我国第九个和第十个五年计划期间进行惯性约束核聚变研究的主要

◆神光Ⅱ装置激光主放大系统

驱动装置。另一方面，比神光Ⅱ号技术更先进、规模更大的新一代固体激光器的设计工作也已开始，有关的多项单元技术已取得显著进展，一些重要技术达到国际水平。此外，作为另一种可能的驱动源，氟化氪准分子激光器的研究也取得重大进展。

可以期望，中国激光领域的广大科技工作者将发扬艰苦奋斗的精神，最终实现惯性约束核聚变的点火燃烧，建成聚变核电站，为中国经济发展和人民生活提供最理想的能源。

核动力火箭掠影

如果受控核聚变技术能够实现，并且可以小型化，那么也可以用核聚变反应堆当作火箭动力。由于核聚变产生的能量远远大于核裂变，相同质量的核聚变燃料能够运行更长时间，并把火箭加速到每秒100千米以上。目前，用激光束照射核燃料，使之在燃烧室内发生核聚变反应的实验已接近成功。这种激光核聚变反应堆不需要大尺寸的约束腔容纳反应物，也不需要外加强磁场，小型化的前景比较好。因此，或许我们可以期待采用这种原理的聚变核火箭出现。此外，采用磁约束达到高温的“托卡玛克”装置最近也取得了较大进展，虽然这一装置较庞大，而且需要超导磁体来产生强磁场，但如果是用于几千吨级或更加庞大的星际飞船，也是可以考虑的，它的好处是易于长

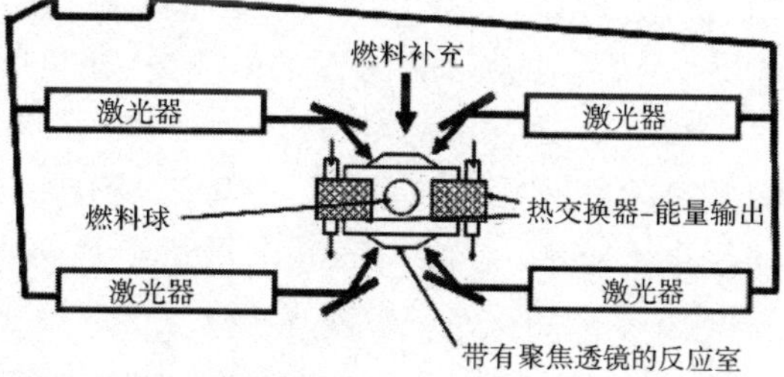

◆激光核聚变示意图

时间高负荷连续工作，因为在激光核聚变堆中，燃料小球烧完后必须停止工作才能重新装填。

拓展思考

1. 什么是核聚变？它有什么特点？
2. 激光核聚变有什么特点？你能说说它的用途吗？
3. 国际上有哪几种有代表性的激光核聚变装置？
4. 我国著名物理学家王淦昌院士对激光核聚变技术有什么贡献？

艰难路程
——中国激光技术的发展

1949 年中国刚刚解放，百废待兴。科学技术水平非常落后。激光技术作为一门新兴学科，正处在萌芽之中。1960 年，美国人发明了第一台激光器，预示着一场科技革命即将爆发。哪个国家最先掌握激光这门技术，就意味着这个国家可以走在世界科技的最前端。对于当时一贫如洗的中国而言，这个重担就落在了中国的科学家身上。王大珩、邓锡铭、钱学森、王淦昌、王之江等人的名字不应被人们忘记，因为他们为中国激光事业的发展做出了卓越的贡献。正是因为有他们的贡献，才使得我国的激光事业处在世界领先水平的行列。现在，让我们一起回忆那段激动人心的发展历程吧。

中国激光之父——邓锡铭

从激光近视手术、激光打印，到激光加工、激光武器，激光技术已经完全融入了我们的生活，这一切，都与一个叫做邓锡铭的人有关。因在国内率先倡议开拓激光科技领域，并组织研制了我国第一台激光器，创建了以“神光”系列为代表的高功率激光装置，邓锡铭被看作是中国激光之父。

◆邓锡铭院士

邓锡铭院士，1952 年北京大学物理系毕业，到中国科学院长春光学精密机械研究所工作。尽管激光极其重要，但在 1960 年，国内却少有人关注。而邓锡铭就在此时，率先倡议在我国开拓激光科技领域。在老一辈专家带领下，一批青年科技工作者迅速成长，邓锡铭是其中的突出代表。早在1958年美国物理学家肖洛、汤斯关于激光原理的著名论文发表不久，他便积极倡导开展这项新技术的研究，在短时间内凝聚了富有创新精神的中青年研究队伍，提出了大量提高光源亮度、单色性、相干性的设想和实验方案。

1961年9月，在邓锡铭的组织和亲自参与下，我国第一台激光机——小球照明红宝石激光器诞生，拉开了我国激光科技发展的大幕。他的研究工作贡献了一系列对激光特性早期认识具有重要意义的理论与实验成果，成为我国激光科技领域的开拓者、奠基人之一。

邓锡铭院士组织研制成功我国第一台红宝石激光器。1963年负责设计并研制成功我国第一台气体激光器：He-Ne激光器。

王大珩——他让激光更有力量

在新中国科技发展史上，“863”计划是向世界最高科技进军的一个重要里程碑。它是因为相关建议的提出和邓小平作出批示的时间均发生在1986年的3月而得名。这项计划的首倡者便是王大珩。

王大珩，原籍今属苏州市的吴县，1915年出生在日本东京，未满周岁时随家人回国。他聪明好学，天赋颇高，17岁便考取清华大学物理系。从1938年至1948年，王大珩曾在英国学习和工作了10年。期间，他除了在伦敦大学和雪菲尔大学攻读光学及玻璃制造专业外，还在相关的工厂和公司工作，积累了丰富的实践经验。

1948年，王大珩回到了阔别多年的祖国。此后，他长期担任中科院长春光学精密机械研究所所长，主持研制出诸如电子显微镜、光电测距仪等一系列新产品，成为我国应用光学的奠基人之一。这些高水平的精密设备，在我国研制原子弹、导弹和人造卫星的过程中，成为探测、观察不可缺少的重要手段，他也因此获得“两弹一星”功勋奖章。

追忆历史

863计划倡议人——王大珩

1986年3月，王大珩等四位老科学家联合向中共中央写了一封信，信中指出，中国应该不甘落后，要从现在就抓起，用力所能及的资金和人力跟踪新技术的发展进程。这封信得到了邓小平同志的高度重视。在随后的半年中，经过广泛、全面和极为严格的科学和技术论证后，批准了《高技术研究发展计划（863计划）纲要》。从此，中国的高技术研究发展进入了一个新阶段。由于计划的提出与邓小平同志的批示都是在1986年3月进行的，因此被称为“863计划”。

◆中科院院士——王大珩

1983年，68岁的王大珩调任中科院技术科学部部长。此时他考虑最多的不是将来的退休生活，而是今后中国科学技术的长远发展。20世纪80年代初，世界科技发展出现了新的动向。为了确保21世纪美国在世界的霸主地位，里根总统曾经发表过关于“星球大战”的著名演讲。根据未来“星球大战”的要求，要构筑起庞大的战略防御体系，这对尖端科技乃至整个经济发展水平都提出了新的和更高的要求。与此同时，苏联制定了“高科技发展纲要”，而法国也提出了“尤里卡计划”。当世界一些大国已经吹响了向高科技进军的号角时，中国该怎么办？这不能不令王大珩十分忧心。

1983年离结束“文化大革命”的时间并不长，尽管当时摆在面前有许多工作要做，然而党中央对中国科技未来发展的方向十分关注。制定出《国家高技术研究发展计划纲要》，并获得国务院和中共中央的批准。

“863”计划实施至今，不仅直接和间接创造了数千亿元的经济效益，而且也使我国的科技进入了一个蓬勃发展的新时期。近年来，中国航天技术的突飞猛进和袁隆平超级杂交水稻培育成功等，只是实施《纲要》所取得的诸多丰硕成果中的一小部分。“俏也不争春，只把春来报。”面对中国高科技发展的春天，王大珩备感欣慰。

中国核武器之父——王淦昌

◆我国著名物理学家王淦昌院士

王淦昌是中国实验原子核物理、宇宙射线及基本粒子物理研究的主要奠基人和开拓者，在国际上享有很高的声誉。被誉为“中国核武器之父”、“中国原子弹之父”。

王淦昌为人谦逊，生前曾多次告诫身边工作人员，不要把自己誉为“两弹之父”，这个成绩归功于集体，归功于国家和人民。

王淦昌提出了用强激光来引发热核反应的思想，就是用激光来“点燃”可控核聚变，是目前世界上正在研究的两种可控热核利用途径之一。若成功，人类即可以获得源源不断的能源，摆脱能源危机。

王淦昌在理论上证明了强激光引发热核反应的可行性，但是尚未找到实验证明方法。作为激光专家的邓锡铭，率先响应王淦昌，投入主要精力，组织技术力量加紧研发。

经过10多年艰苦卓绝的努力，邓锡铭带领上海光机所的同仁，设计出一台大型高功率激光实验装置——神光Ⅰ装置，并于1987年通过了国家级鉴定。在持续运行的8年时间里，“神光－Ⅰ”装置为核爆模拟、高压状态方程、X光激光提供了重要研究手段，取得了国际一流水平的物理成果。

1990年，神光Ⅰ获得国家科技进步奖一等奖。

1993年，国家把强激光引发热核反应的课题列入“863”计划，并于1994年启动了神光Ⅱ工程，邓锡铭仍是组织者。由于夜以继日的研究，邓锡铭透支了自己的健康，在1997年12月20日因癌症去世，享年67岁。去世前夕，邓锡铭在病床上完成了一份20多页的“意见书”，全是讲神光的发展蓝图和技术路线。

链接：王淦昌的主要贡献

提出了验证中微子存在的实验方案并为实验所证实。首次发现反西格马负超子，把人类对物质微观世界的认识向前推进了一大步。世界激光惯性约束核聚变理论和研究的创始人之一，领导开辟氟化氪准分子激光惯性约束聚变研究的新领域。参与了中国原子弹、氢弹原理突破及核武器研制的试验研究和组织领导，是中国核武器研制的主要奠基人之一。

中国激光器第一人——王之江

1961年夏，在王之江主持下，我国第一台红宝石激光器在中国科学院长春光学精密机械研究所诞生了。它虽比国外同类型激光器的问世迟了近一年的时间，但在许多方面有自身的特色，特别是在激发方式上，比国外激光器具有更好的激发效率，这表明我国激光技术当时已达到世界先进水平。此后短短几年内，激光技术迅速发展，产生了一批先进成果。各种类型的固体、气体、半导体和化学激光器相继研制成功。

◆中科院院士——王之江

王之江，物理学家。江苏常州人。中国科学院上海光学精密机械研究所研究员。

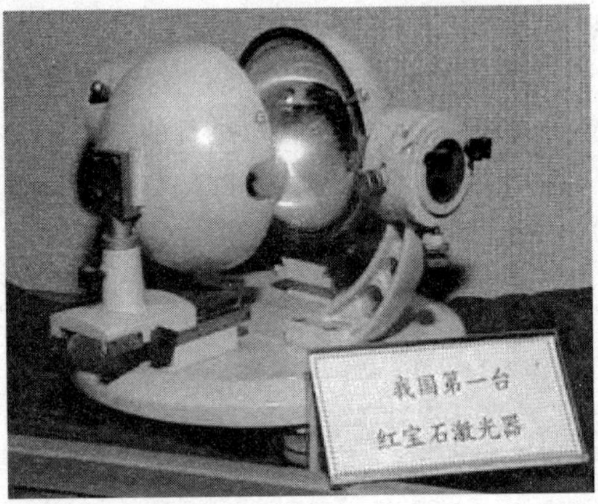

◆我国第一台红宝石激光器

在光学设计方面，发展了像差理论和像质评价理论，形成了新的理论体系，完成了大批光学系统设计（如照相物镜系统、平面光栅单色仪、长工作距反射显微镜、非球面特大视场目镜、105 型大型电影经纬仪物镜等）；在激光科学技术方面，领导研制成中国第一台激光器，并在技术和原理上有所创新。20 世纪 70 年代领导完成了高能量、高亮度钕玻璃激光系统，对于中国激光科学技术起了积极作用。倡议和具体领导了中国“七五”攻关中激光浓缩铀项目，对中国光信息处理和光计算起了倡导作用。

拓展思考

1. 哪位科学家被称为中国激光之父？

2. 我国第一台激光机——小球照明红宝石激光器是在哪位科学家的带领下完成的？

3. 谁被称为中国激光器第一人？

4. 王淦昌院士的主要贡献是什么？

方便快捷

——激光的生活应用

激光一问世，就获得了异乎寻常的飞快发展，激光的发展不仅使古老的光学科学和光学技术获得了新生，而且导致整个一门新兴产业的出现。

激光器的发明不仅是光学发展史上的伟大里程碑，而且是整个科技史上的一个伟大里程碑。激光技术在现代社会中正在发挥越来越大的作用，在医疗、机械工程、生物工程、化学工程、基因工程等方面都有应用。

40 多年来，激光技术与应用发展迅猛，已与多个学科相结合形成多个应用技术领域，比如光电技术，激光医疗与光子生物学，激光加工技术，激光检测与计量技术，激光全息技术，激光光谱分析技术等等。这些交叉技术与新的学科的出现，大大地推动了传统产业和新兴产业的发展。下面就让我们来看看激光在生活中的应用。

方便快捷

——激光的生活应用

[illegible]

办公的幸福时代
——激光打印与复印

随着科学技术的发展，激光的应用已经渗透到方方面面。最早的激光发射器是充有氦氖气体的电子激光管，体积很大，因此在实际应用中受到了很大限制。20 世纪 70 年代末期，半导体技术趋向成熟。半导体激光器随之诞生，高灵敏度的感光材料也不断发现，加上激光控制技术的发展，激光技术迅速成熟，并进入了实际应用领域。如果你是一位上班族，环顾一下你的周围，打印机、复印件，都应用到了激光的原理。你看到的报纸，也是通过激光排版的。那么，它们的工作原理是怎样的？激光在里面起到了什么作用呢？好吧，下面就带你去过过瘾。

◆激光打印，就是这么简单

栩栩如生的激光打印

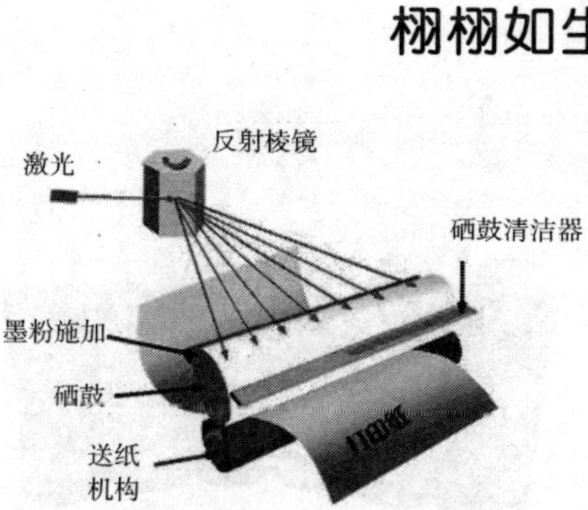

◆激光打印机内部结构

激光打印机为何能够静悄悄地打印出如此栩栩如生的图像？这要从激光打印机的工作原理谈起。激光打印机中最重要的元件是感光鼓。整个打印过程都以感光鼓为中心，周而复始地动作的。黑白激光打印机工作的整个过程可以说是充电、曝光、显像、转像、定影、清除、除像等七大步骤

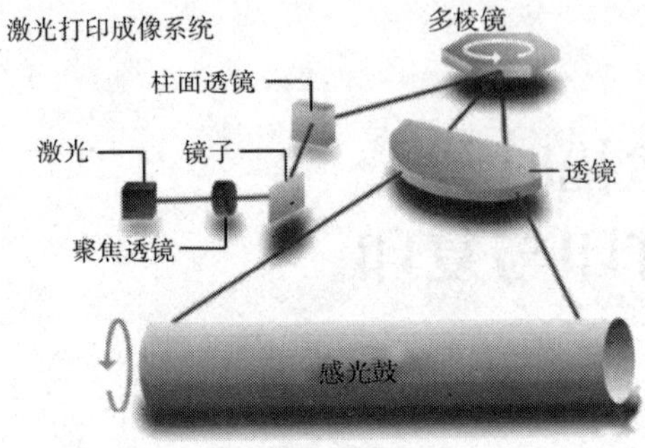

◆激光打印成像系统

的循环。

当使用者在应用程序中下达打印指令后，电脑传来的打印信号就转化为脉冲信号传送到激光器。整个激光打印流程的序幕遂由“充电”动作展开，先在感光鼓上充满负电荷或正电荷，然后再将打印机处理器处理好的图像资料通过激光束照射到感光鼓上，在相应的位置上进行“曝光”。接着由于碳粉带有与感光鼓相反极性的电荷，被曝光的部位便会吸附带电的碳粉，“显像”出图像。纸张进入机器内部后带有与碳粉相反的正电荷或负电荷，由于异性相吸的缘故，因此便能使感光鼓上的碳粉“转像”到纸张上。为了使碳粉更紧密地附在纸上，就由熔印辊以高温高压的方式，将碳粉“定影”在纸上，这也是为什么每张刚打印出来的纸张都暖呼呼的原因。然后将感光鼓上残留的碳粉“清除”，最后的动作为“除像”，也就是除去静电，使感光鼓表面的电位回复到初始状态，以便展开下一个循环动作。

不良的触摸、划痕都会造成硒鼓面涂层的永久性伤害。打印机硒鼓的寿命一般为打印5000张左右。

碳粉的选择要素

我们一般都有这样一个习惯，认为打印字样越黑的碳粉越好。但有时碳粉的其他因素也可能造成这个错觉，比如碳粉的附着度较差，仅仅只是吸附在纸的表面而未充分渗透到纸纤维里，这时纸张表面的碳粉颗粒大部分堆积在纸张表面，对光线

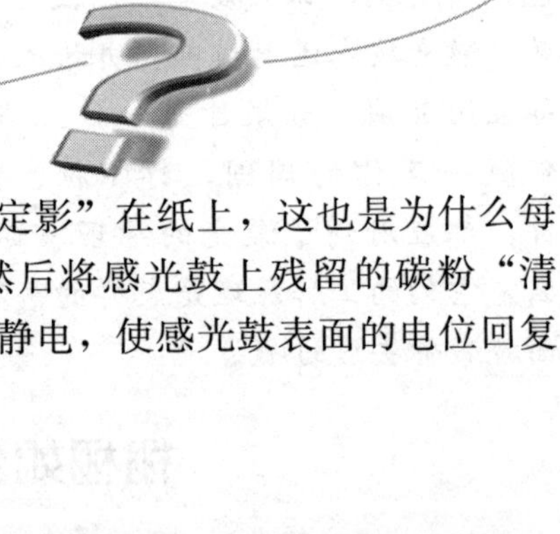
◆各种颜色的碳粉

的吸收率非常高，给人感觉非常黑，但事实上，这种碳粉的熔点偏高，打印的字样不能牢固附着在纸上，并不是一种好碳粉。

打印“奇兵”——LED打印机

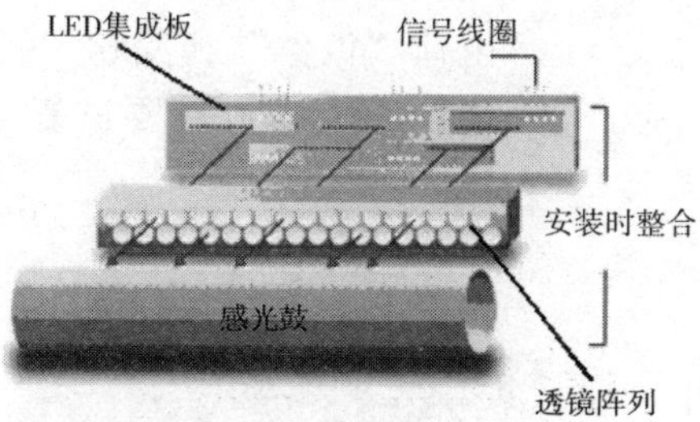

◆LED打印头成像系统

随着技术的不断发展，如今的打印机已经不再局限于使用喷墨和激光两种常见的打印技术，而是向多元化发展，LED、SLED、喷蜡等多项打印技术也在逐渐为人们所熟知，并且各自具备不同的特色。如果从成像原理上来讲，彩色激光打印机和LED打印机并称为页式打印机，只不过LED打印机采用的是发光二极管（LED）作为光源，和激光打印机相比，从成像原理上讲，LED技术的打印机光扫描成像采用了密集LED阵列为光发射器，将代表数据的电信号通过LED转换为光信号，然后再照射到感光鼓上面，从而成像。和传统的彩色激光成像原理相比，省去了通过反射镜头和多棱镜反射的步骤，这样就会大大缩小光源的体积，减少传输的距离。LED打印技术的产品耗电量少，使用寿命长，更加利于环保。

发光二极管具有节能、便宜、亮度高等特点。目前，已经在许多领域内应用，例如，LED电视机，汽车的车灯等。

多彩生活——彩色打印

电视、电影是通过自身发光来合成颜色的，其合成法则被称为“加法原理”，三基色为红、绿、蓝，辅助色为“白”。印染、涂料则是通过吸收

“一次成像”彩色激光打印机的工艺代价太高，所以非一般用户能买得起，但毫无疑问，这是未来的发展方向。

某些光线而形成颜色，因此其合成法则被称为“减法原理”，三原色为青、品红、黄，辅助色为“黑”。彩色激光打印机使用4色碳粉，因此上述的电荷“负像”和墨粉“正像”的生成步骤要重复4次，每次吸附不同颜色的墨粉，最后转印鼓上将形成青、品红、黄、黑4色影像。正是因为彩色激光打印机有一个重复4次的步骤，所以彩色打印的速度明显慢于黑白打印的速度。

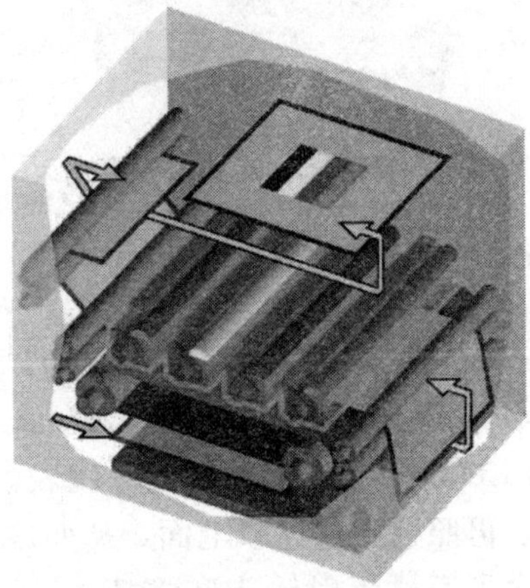

◆彩色打印机使用4种颜色的碳粉

最新彩色激光打印技术是所谓“一次成像”技术。这一技术的关键是需要把激光发光管做得足够小，在现有一个发光管的位置要放下对应于4种颜色的4个发光管。

神奇的激光彩色复印机

现在我们常用的复印机工作原理有两种；一种是美国施乐公司于1949年推出的模拟式复印机，目前正在使用的和市场上出售的复印机大多是模拟式复印机。另一种是日本佳能公司于1991年推出的数码式复印机，现在市面上出售的复印机中有一部分是数码式复印机，数码式复印机以其优越的性能正在逐渐取代模拟式复印机。

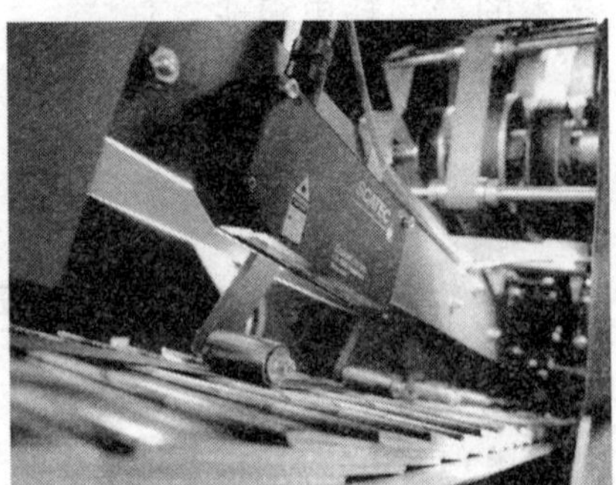

◆激光彩色复印技术已经非常普遍了

知识库

静电模拟复印原理

静电模拟复印机的工作原理是：通过曝光、扫描的方式将原稿的光学模拟图像通过光学系统直接投射到已被充电的感光鼓上，产生静电潜像，再经过显影、转印、定影等步骤，完成整个复印过程。

激光数码复印机首先通过电荷耦合器件（即 CCD）将原稿的模拟图像信号通过光电转换成为数字信号，然后将经过数字处理的图像信号输入到激光调制器，调制后的激光束对被充电的感光鼓进行扫描，在感光鼓上产生静电潜像，再经过显影、转印、定影等步骤，完成整个复印过程。数码式复印机相当于把扫描仪和激光打印机融合在一起。

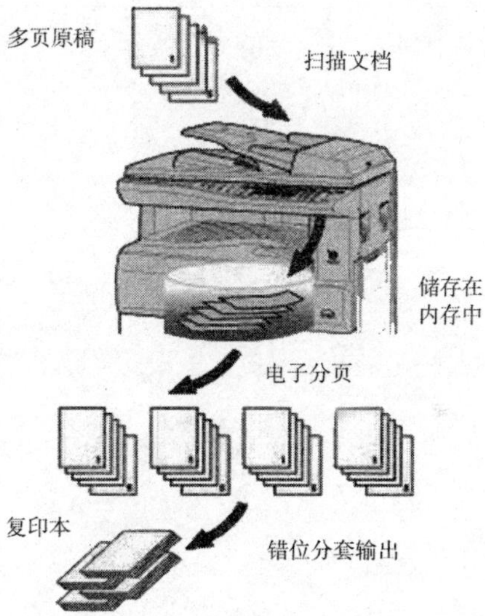

◆一次扫描多次打印和电子分页

总的来说，模拟式复印机的优点是价格低廉、操作相对简单。而数码复印机由于采用了数字图像处理技术，可以进行复杂的图文编辑，大大提高了复印机的工作效率和复印质量，降低了使用时发生故障的几率。与模拟复印机相比，其主要优点在于：一次扫描多次复印；数码复印机只需对原稿进行一次扫描，便可一次复印出多达 999 份的文档，由于减少了扫描次数，所以降低了扫描器的磨损及噪音；复印出来的副本整洁、清晰。而且数码复印机都具有无废粉、低臭氧、自动关机、节能、图像自动旋转和减少废纸的环保功能。

从上面几点可以看出，数码复印机具有的优点是传统模拟复印机无法比拟的。由于它是利用激光扫描和数字图像处理技术成像的，所以它不仅是一台复印机，还可以作为电脑的输入输出设备。

拓展思考

1. 你能说出有哪些办公设备与激光有关吗？
2. 你能说说激光打印机的工作过程吗？
3. 如何选择碳粉？
4. 彩色打印机的工作原理是什么？

中国印刷业的辉煌——激光照排

印刷术作为我国古代的四大发明之一，为人类进步和文明传播作出了巨大贡献。但随着基于感光材料的照相制版、激光照排等技术的发展，我国印刷技术的发展远远落后于世界先进水平。王选院士研发推广的汉字激光照排系统让中国的印刷业“告别铅与火，迎来光与电”，引领中国现代印刷技术的一次革命，为行业进步和国民经济发展作出了重要贡献。

◆看到的报纸都是通过激光照排的

印刷术——从毕昇谈起

毕昇发明的活字印刷术是印刷史上的一次伟大革命，是我国古代四大发明之一，它为我国文化经济的发展开辟了广阔的道路。毕昇发明的活字印刷方法既简单灵活，又方便轻巧。

其制作程序为：先用胶泥做成一个个规格统一的单字，用火烧硬，使其成为胶泥活字，然后把它们分类放在木格里，一般常用字备用几个至几十个，以备排版之需。排版时，用一块带框的铁板作底托，上面敷一层用松脂、蜡和纸灰混合制成的药剂，然后把需要的胶泥

◆创制活字版的毕昇

◆安徽黄山祁门县文堂村村民用古老的木制活字排版印刷陈氏宗谱

活字一个个从备用的木格里拣出来，排进框内，排满就成为一版，再用火烤。等药剂稍熔化，用一块平板把字面压平，待药剂冷却凝固后，就成为版型。印刷时，只要在版型上刷上墨，敷上纸，加上一定压力，就行了。印完后，再用火把药剂烤化，轻轻一抖，胶泥活字便从铁板上脱落下来，下次又可再用。毕昇创造发明的胶泥活字，是我国印刷术发展中的一个根本性的改革，是对我国劳动人民长期实践经验的科学总结，对我国和世界各国的文化交流作出了伟大贡献。

毕昇的胶泥活字首先传到朝鲜，称为“陶活字”。后来又由朝鲜传到日本、越南、菲律宾。15 世纪，活字板传到欧洲。公元 1456 年，德国的戈登堡用活字印《戈登堡圣经》，这是欧洲第一部活字印刷品，比中国的活字印刷史晚 400 年。活字印刷术经过德国而迅速传到其他 10 多个国家，促使文艺复兴运动的到来。16 世纪，活字印刷术传到非洲、美洲、俄国的莫斯科，19 世纪传入澳洲。从 13 世纪到 19 世纪，毕昇发明的活字印刷术传遍全世界。

怀念的手动照排机

印刷是图文的复制，不管是图还是文，制版时道理一样，为了叙述方便，下面以文字为例来说明。随着化学科学的发展，人们发现可在平版上预涂一层亲油感光材料，将版材曝光而得到图文。这又变成如何将文字制作在一种透明或半透明的底片上，再将底片复制到平版上的问题。把文字制作到底片上，人类从打字机打在半透明纸上到后来制成精度很高的胶片，走过了较长的探索之路。随着光学、照相技术的发展，人们找到了照相排版的方法。照相排版较为成熟的成果是手动照排机，就是将文字预先制作在玻璃板上（镂空文字），这种玻璃板称为字模板，一束光透过字模板上某个字，再穿过透镜，进行缩小或放大，最后成像在感光胶片上，就可以得到已经曝过光的胶片，经过显影、定影、冲洗，就得到一张有文字的透明胶片。

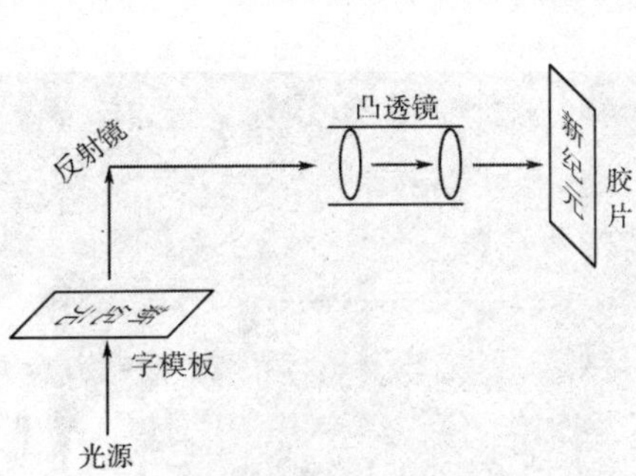

◆手动照排机原理图

万 花 筒

向排字员致敬!

手动照版机，在中国一直使用到20世纪90年代初，例如：上海光机厂生产的手动照排机。手动照排机打字员的工作不仅是一项技术工作（记住各个字位置），还是项重体力活（倒腾字模板），另外，照排机仅光源灯就有2500瓦，加上电机等，整个机器功率达5000瓦，当时空调不普及，所以打字员等于抱着一个大火炉，在大热天倍受煎熬。

在这里，我们实际上就是左、右、上、下移动字模板，对文字或字符逐个进行单独拍照。文字要排版，所以每拍一个字，胶片便向左移动一个字字距，换行则向上移动一个行距。第二是文字有大有小，这由透镜间距离和透镜离胶片的成像距离来控制。当然这些工作都由机械来完成。

计算机是我们人类最神奇的发明。计算机的发展，给印刷业带来了彻底的革命。早先的计算机，一般只用于科技运算，如果要进行超级计算，需要一座大楼才能放得下一台所谓的超级计算机，可见其巨大。

印刷业的春天——电子激光照排

个人电脑的出现，使印刷行业应用计算机成为了可能。计算机用于印刷的第一道坎是汉字的处理。早期计算机无法输入汉字，人们又一次悲观地认为，要适应计算机发展，汉字需要罗马化。后来发明了汉字输入法，

◆世界上第一台电子计算机

解决了汉字的输入、存储等问题，并制作了各种各样汉字字体。近20多年来我国印刷技术发展过程中的里程碑人物，我们应该记住他们的名字：王选、王永民……

现在计算机平面设计，已基本做到所见即所得，也就是你在计算机屏幕上看到什么，你得到的印刷品也就是什么。

人物志

五笔字型输入法发明者——王永民

王永民，汉族，教授级高级工程师。1978～1983年，研究并发明被国内外专家评价为“其意义不亚于活字印刷术”的“五笔字型”（王码），以多学科最新成果之运用、集成和创造，提出“形码设计三原理”，首创“汉字字根周期表”，发明了25键4码高效汉字输入法和字词兼容技术。以“五笔字型”在全世界的广泛影响和应用，为祖国赢得了荣誉。

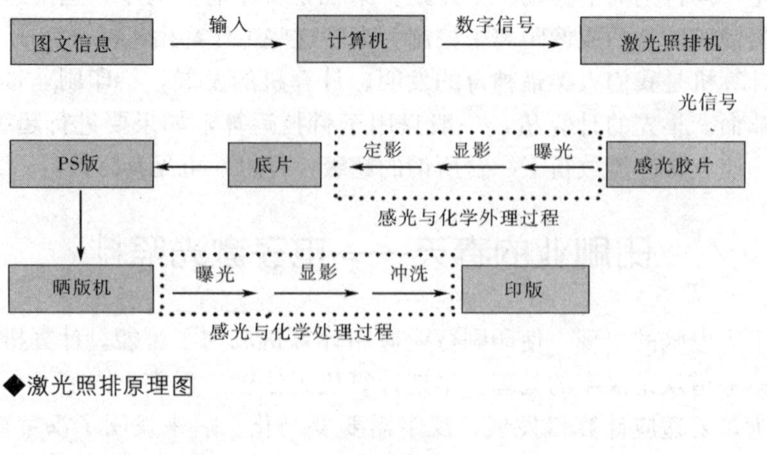

◆激光照排原理图

名人介绍：当代毕昇——王选

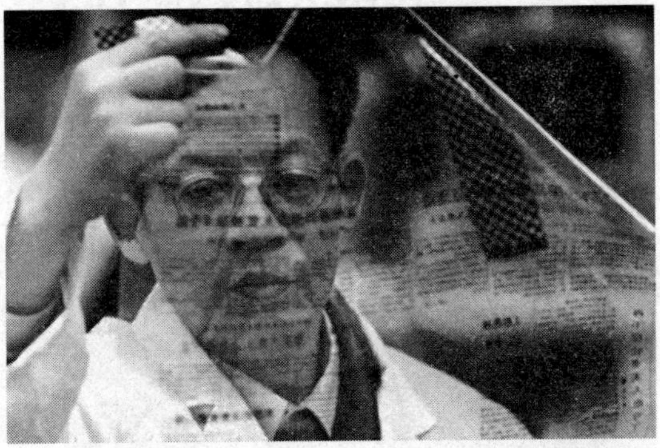

◆当代毕昇——王选院士

王选是汉字激光照排系统的创始人和技术负责人。他所领导的科研集体研制出的汉字激光照排系统为新闻、出版全过程的计算机化奠定了基础，被誉为“汉字印刷术的第二次发明”。1992年，王选又研制成功世界首套中文彩色照排系统。先后获日内瓦国际发明展览金牌，中国专利发明金奖，联合国教科文组织科学奖，国家重大技术装备研制特等奖等众多奖项，1987年和1995年两次获得国家科技进步一等奖；1985年和1995年两度列入国家十大科技成就，是国内唯一四度获国家级奖励的项目。他本人被授予国家级有突出贡献的专家称号，并多次获全国及北京市劳模、先进工作者、首都楷模等称号，1987年获得中国印刷业最高荣誉奖——毕昇奖及森泽信夫奖，1995年获何梁何利基金奖，2001年获国家最高科学技术奖。

拓展思考

1. 你能说出中国的四大发明吗？其中印刷术是谁发明的？
2. 你能说说手动照排机的工作原理吗？
3. 哪位科学家发明了汉字激光照排系统？
4. 你会使用五笔字型输入法吗？学一学吧。

迅雷不及掩耳——激光通信

◆与地面进行激光通信

通信设施是人类社会生活，尤其是现代社会生活必不可少的。激光的发明使通信进入一个新天地。把激光作为信息载体来实现通信，取代或补充目前的微波通信。它包括激光大气传输通信、卫星激光通信、光纤通信和水下激光通信等多种方式。激光通信具有信息容量大、传送线路多、保密性强、可传送距离较远、设备轻便、费用经济等优点。

看天通信——大气激光通信

大气激光通信设备，主要由光收发信机、光学天线（透镜或反射镜）、电源、终端设备等组成，有的还备有遥控、遥测等辅助设备。它的工作原理是：首先将需要传递的电信号，通过调制器调制到由激光器产生的光载频上，再通过光学发射天线将已调制的光信号发射到大气空间去。接收时，光学接收天线把收到的光信号进行聚焦后，送到光检测器恢复成原来的电信号。大气激光通信受到雨、雾、雪、霾等附加损耗的影响，通信距离短，因而限

◆大气激光通信系统

制了它的使用范围。电话之父贝尔早在 1880 年就有过光电话的设想，但由于普通光受云、雨、雾的阻碍，实验失败了。激光通信与无线电信讯相比，激光信讯保密性好，常用于边防、海岛、跨越江河等近距离军事通信。另外，在空间通信领域，选取不被大气吸收的波长的激光可以克服无线电通信的一些局限。可是由于激光光束在大气层里传播时会受到大气中微粒的吸收或散射，从而使激光通信的距离受到限制。这使得目前的激光通信只能作为无线电通信的一个有效补充，但还不能够取而代之。

> 激光在大气中传输时，激光强度要衰减，使激光能量被吸收变成其他形式的能。此外，激光还要受到大气湍流和非线性传播效应的影响。

神奇的激光光纤通信

激光发明后，结合另一发明光导纤维，光通信重获新生并得到迅速应用。其工作原理与大气激光通信基本相同，所不同的是光信号在光缆中传输。

◆光纤

100 多年前，没有人会想到普通的玻璃会将全世界的人们联系到一起，而“光通信”这个词现在已经家喻户晓。今天，我们就一起来认识一下这个在光通信领域里大显身手的光纤吧。

知识窗

光纤通信的优势

光纤通信具有容量大、传输损耗小、中继距离长、不受外界电磁干扰等优点。适用于大容量市内电话中继通信、长途电话干线通信和图像通信等，并将逐步用于野战通信。

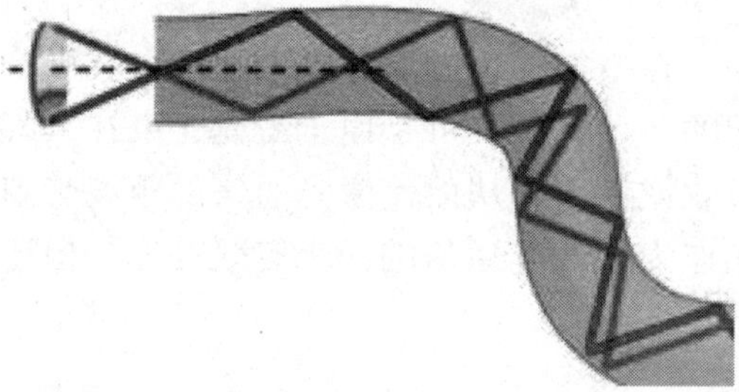

◆光在光纤中的传输

通常在我们的观察中，光线总是沿直线传播的，没有人想到除了用镜子还有什么东西能让光线拐弯儿。1970 年，英国物理学家廷德尔在实验中发现光线可以沿着水流传播，如果这股水流弯曲了，水流中的光线也随着“弯曲”。上个世纪初，一位希腊的玻璃工人偶然发现，光可以从细玻璃棒的一端传到另一端而不跑出棒的外面，甚至当细棒弯曲时，光也会跟着“弯曲”地传播。这些发现为以后光纤的发明奠定了基础。事实上，光线并没有弯曲，它只是在水流或玻璃棒的内侧不停地反射前进，在光学上这叫作全反射。

1955 年，卡帕尼博士发明了具有实际意义的玻璃光纤，并由此产生了纤维光学这一新的学术领域。又过了几年，英国标准电信实验室的高锟和他的同事们提出可以利用光导纤维进行远距离光信息传输。从此，光通信事业开始了自己年轻而气势十足的发展历程。

点击：光的折射与全反射

光可以在真空中传播，也可以在某些物质中传播。不同的介质密度是不一样的。因此，又分“光密介质”和“光疏介质”。当光线从一种介质射入另一种介质时就会发生折射，好像是光线拐弯儿啦。即使是同一物质，也会因某些环境条件而产生密度不同，如某处的空气热，某处的空气冷，光线在穿越冷热空气时也会

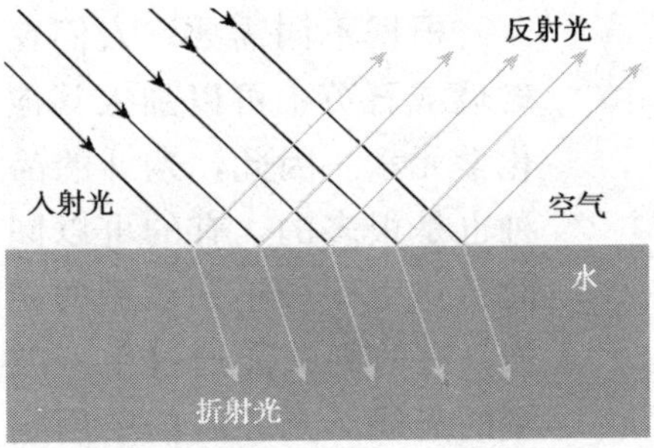

◆入射和反射光路

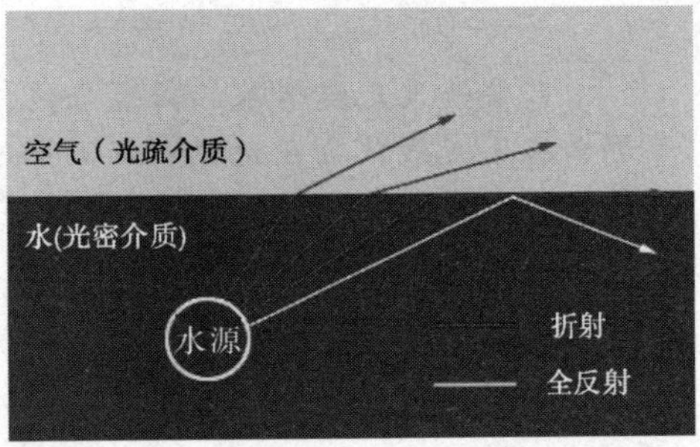

◆全反射光路

发生折射（我们熟知的海市蜃楼就是因这种情况而发生的）。照到介质表面上的光叫入射光，经过介质折射的光叫折射光。入射光、折射光和介质的界面（两种介质相接的地方）之间存在着一种相互关系，这就是入射角和折射角。两个角度随着入射光线角度的变化而变化。当光线从光密介质射入光疏介质的角度变化到一定程度时，光就不能再射入另一个介质中了，于是就会产生光的全反射现象。

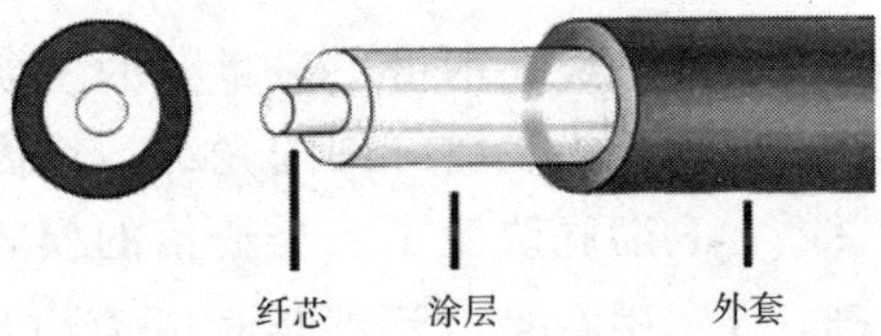

◆光纤内部结构示意图

了解了光的传播，我们再来认识光纤。简单的光纤可以就是一根玻璃丝，根据不同要求，它可以做得非常细，一般从几微米到几百微米。通常很多光纤都会在表面加(涂）上一层别的物质，叫涂层。这一层物质可以作为光疏媒质起折射作用，有的还可以增强光纤的柔软性使其可以随意弯曲。没有涂敷层的光纤就叫裸纤。裸纤也可以传播光信号。

万 花 筒

光纤的分类

按照光纤中容许传输的电磁波的模式的不同，可以把光纤分为单模光纤和多模光纤。单模光纤是指只能传输一种电磁波的模式，多模光纤指可以传输多个电磁波的模式，实际上单模光纤和多模光纤之分，也就是纤芯的直径之分。单模光纤细，多模光纤粗。在有线电视网络中使用的光纤全是单模光纤，其传播特性好，带宽可达 10GHz，可以在一根光纤中传输 60 套 PAL—D 电视节目。

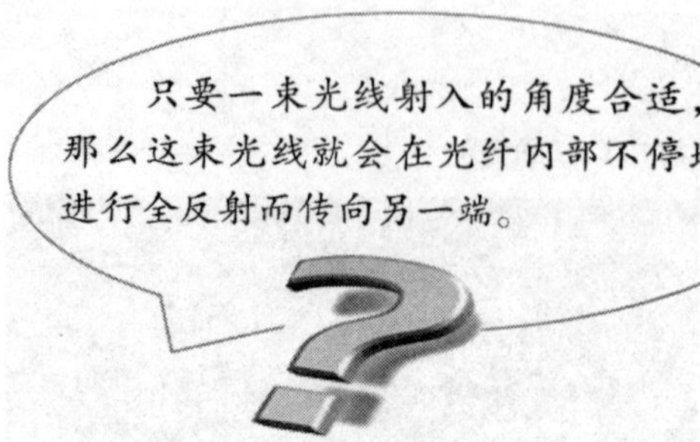

根据不同需要，人们在玻璃或石英中可以加入其他化学元素。因此，光纤的品种也是很多的，有的可以同时传送上千种不同波型的光波，有的则只能通过单一波型的光线。光纤通信中用到的光缆是由数十到数百根这样的光纤集成的，其中每根光纤都可承担巨大的通信量。光之所以能在光纤中传输，主要是纤芯和涂层的共同作用。根据上面讲到的光折射原理，我们就会明白，光纤的纤芯和它外面的涂层肯定是两种密度不同的物质，而且纤芯的密度应该大于涂层。

光纤之父——高锟

光纤电缆是本世纪最重要的发明之一。光纤电缆以玻璃作介质代替铜，使一根头发般纤细的光纤，其传输的信息量相当于饭桌般粗大的铜“线”。它彻底改变了人类通信的模式，为目前的信息高速公路奠定了基础，使“用一条电话线传送一套电影”的幻想成为现实。发明光纤电缆的，就是被誉为“光纤之父”的华人科学家高锟。

◆诺贝尔奖得主高锟先生

高锟 1933 年生于上海。童年的高锟对化学最感兴趣，他曾经自己制造过灭火筒、焰火。后来，他又迷上了无线电，小小年纪就曾成功地装了一部有五六个真空管的收音机。

1948 年，他们举家迁往香港。曾考入香港大学。但当时的高锟已立志攻读电机工程，而港大没有这个专业，于是他辗转就读了伦敦大学。毕业后，他加入英国国际电话电报公司任工程师，因表现出色被聘为研究实验室的研究员。

万花筒

迟到的获奖

迟来的诺贝尔物理学奖对已身患老年病的高锟先生是一个很大的遗憾，但是反过来想一下，这难道不也是上苍给他的一个巨大的恩惠!?——摆脱这个经济和科技如此发达，而百疾丛生、问题重重的现代社会，他，这位对人类作出了杰出贡献的老人，仍然幸福地生活在他那美妙的光纤世界里！

◆年轻时的高锟

以光作为信号载体的介质波导的概念早在上个世纪 30 年代就已提出。当时人们都认为用介质波导进行实际传输是完全不可能的。即传输 1 米后能量已经降到十分之一。高锟先生的决定性贡献是指出：玻璃透光性不好不是不可克服的，玻璃衰减大的原因在于玻璃中含有氢氧根以及大量的过渡金属离子。高锟先生甚至通过实验得到了透光性大为改善的块玻璃材料。

方向一旦指明，迈向成功的道路从此开辟。从此，科技界和工业界在这一方向上开展了赛跑，人们摒弃了采用天然玻璃砂原材料的传统方法，而使用如半导体工业那样的高纯原材料合成玻璃，制造光纤。终于，美国 Corning 公司于 1970 年首先宣告成功获得衰减低达 10dB/km 的光纤（衰减系数减少到传统的优质光学玻璃的千分之一）。光纤从此从

博伊尔和史密斯发明了半导体成像器件——电荷耦合器件（CCD）图像传感器，分享了2009年物理学奖的另一半奖金。

书本概念变成了工业产品。

高锟的发明使信息高速公路在全球迅猛发展，这是他始料不及的。他因此获得了巨大的世界性声誉，被冠以“光纤之父”的称号。高锟此后几乎每年都获得国际性大奖，但由于专利权是属于雇用他的英国公司的，他并没有从中得到很多的财富。中国传统文化影响极深的高锟，以一种近乎老庄哲学的态度说：“我的发明确有成就，是我的运气，我应该心满意足了。”

2009 年 10 月 6 日瑞典皇家科学院宣布，将 2009 年诺贝尔物理学奖授予英国华裔科学家高锟以及美国科学家威拉德·博伊尔和乔治·史密斯。瑞典皇家科学院说，高锟在“有关光在纤维中的传输以用于光学通信方面”取得了突破性成就，他将获得 2009 年物理学奖一半的奖金。

诺贝尔物理学奖这次破天荒地授予做出如此重要贡献的应用物理学家是完全合理的，公平的。毫无疑义，高锟先生对现代有线通信技术做出的贡献是划时代的，他，开启了光纤通信的新时代！因为他，信息社会才会如此快地成为现实，世界才会变得如此之“小”！高锟先生理应获得全世界的尊敬！

拓展思考

1. 列举一些你周围的通信工具。
2. 说说激光光纤通信的优点是什么？它神奇在什么地方？
3. 哪位科学家被称为光纤之父？
4. 高锟获得的是哪一年的诺贝尔物理学奖？

动感十足——激光多媒体

◆方便的多媒体播放机

在10年前大家如果要听音乐和看电影，必需将拿磁带放进录音机和录像机内。音质不好，而且存储的量也小。现在可方便多了。你肯定有很多音乐CD盘和激光影碟。如果你要享受一下美妙的音乐，只需要轻轻按下按键，激光器就能为你带来美妙的音乐和电影。你想知道薄薄的光盘为何能存储如此多的内容？播放器又是如何工作的吗？还等什么呢，我们一块去揭开它的奥秘吧。

探秘CD播放机的原理

如果将数据轨道从CD上移出并将其拉成直线，则它的宽度为0.5微米，而长度几乎为5千米！

激光唱片，就是我们常说的CD唱片，是以玻璃或树脂为材料、表面镀有一层极薄金属膜的圆盘，通过激光束的烧蚀作用，以一连串凹痕的形式将声音信号刻写存储在圆盘上，是采用激光刻录和用激光作唱针放音的唱片。它能放出非常优美动听的乐曲，如同乐队和演员就站在跟前演出一般，因为激光唱针和盘面之间没有

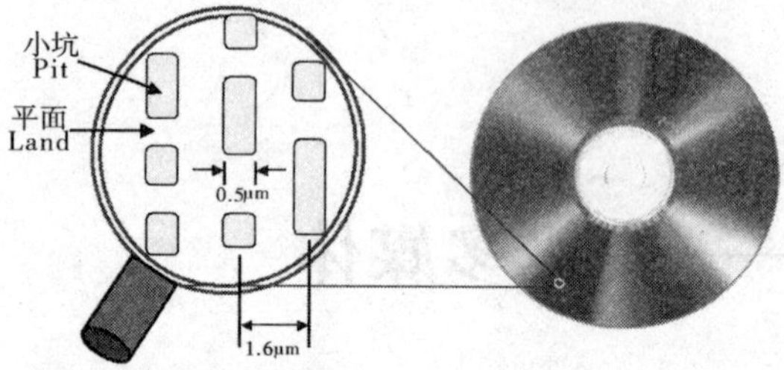

◆光盘凹凸不平的表面

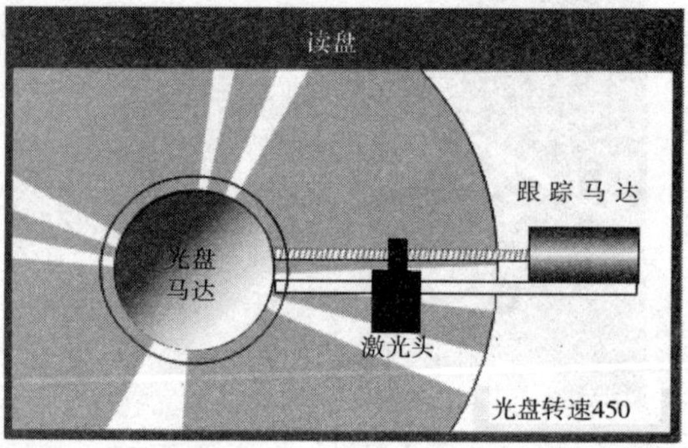

◆激光头工作原理图

机械摩擦，也就没有由摩擦而产生的杂声，唱片可以长时间使用，用它十年八年没问题。若想在计算机上听激光唱片，只要在计算机上装上 CD—ROM、声卡和音箱等一些设备及软件就可以了。构成 CD 轨道的每个细长凸块的宽度为 0.5 微米，长度最小为 0.83 微米，高度为 125 纳米（1 纳米等于十亿分之一米）。透过聚碳酸脂层查看凸块时，它们将如左图所示。你常常听到的是光盘“凹坑”而不是凸块。在铝膜的侧面上，它们显示为凹坑，但在激光读取的侧面上，它们显示为凸块。由于凸块的尺寸非常小，使得 CD 上的螺旋形轨道非常长。

要读取如此小的数据，你需要精度极高的光盘读取装置。下面我们将了解一下该装置的工作原理。

当你按下 CD 播放器上的播放按钮时，CD 盘开始转动。CD 盘的底面上有许多微小的凹槽和较为平坦的区域，它们能够提供有关音乐的信息。在 CD 播放器里面，激光器启动，它发射的激光被镜子反射。经镜面反射的激光穿过一个聚焦透镜到达 CD 盘的底面。唱片上记录了许多凹坑，激光到达 CD 盘的底面时，光点打在凹坑处，因反射光较弱，光电检测器捡拾的信号小，当光点打在无凹坑的铝膜上时，反射光较强，光电检测器捡拾的信号大。光传感器根据激光反射的情况获取信息。这些信息被转换成电信号，然后电信号又被转换成你听到的音乐。

知 识 窗

CD播放机中信号的转换

对应着光盘表面凹坑的有无，在检测器的输出端产生相应高低电平的电脉冲信号，然后经过放大器，由其内部比较器得到“1”和“0”的串行数字信号，将处理后的数据加到数模转换器，就变换成模拟的声音信号输出。

小贴士：惊人的蓝光光盘

◆储存能力惊人的蓝光光盘

DVD的激光头现在用的是橙红色激光。蓝光的波长更短，也就是在碟片上的聚焦点更小。这样就能把更多的数据储存在同样大小的碟片上。它是下一代DVD光盘的格式。在人类对多媒体的品质要求日益提高的情况下，要求能储存高画质的影音以及高容量的资料。它目前的竞争对手是HDDVD，两者各有不同的公司支持，都希望成为标准规格。蓝光的命名是因为其采用的激光波长405纳米，刚好是光谱之中的蓝光。（DVD采用650nm波长的红光读写器，CD则是采用780nm波长的光）。

超炫的激光表演

激光表演的历史几乎和激光本身一样长。1968年就发明了一项专利，它融合了音乐艺术和激光表演，先将一层反射膜覆盖在扬声器上，反射膜随着扬声器的声波而振动，氦氖激光照到发射膜上经反射后在墙上成像，

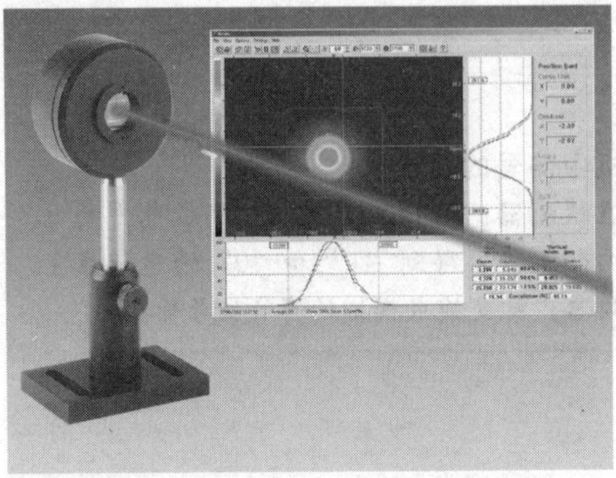

◆方便的小型激光器为激光表演提供了方便

◆低功率的固体激光器受到娱乐界的青睐

所呈现的变化与扬声器发出的声波变化同步。

过去几年里，离子激光器是激光表演中用得最为普遍的一种激光器。氩离子激光器输出绿光、黄光和红光。当将这两种气体混合使用时，输出光的光谱范围扩展为紫光至红光，产生白色激光。但是，离子激光器也面临重重考验，特别是在娱乐业方面，它缺乏所应有的坚固性。

20 世纪 90 年代后期发明的二极管泵浦固体激光器对激光表演有深刻的影响。这些激光器体积更小，效率及可靠性更高，功能更强大，而且价格比离子激光器更低。因此，激光表演在小型场合也有了用武之地。10 年前，大部分显示工作是由只产生绿光的离子激光器完成的，但是现在，市场上可以买到输出功率为 5 瓦的红、绿、蓝固体激光器，且都能插到标准插座上。随着这些技术的继续发展，激光表演将能更容易、更经济地用于剧场、舞厅、销售会议和其他场合。RGB（红绿蓝）固体激光器和图像处理软件的发展拓宽了激光在娱乐市场的应用，也开拓了激光在小型场合下的应用。

万花筒

激光二极管对娱乐业的影响

过去，用于获取理想色彩和图像的激光器体积庞大，费用昂贵，而且维护成本高，这些原因曾使得激光技术多年停滞不前。现在的固体激光器，特别是激光二极管，可输出红光、绿光和蓝光，而且经济、紧凑和易于操作，加上标准化图像设计程序的发展，激光表演已不再限于天文馆、公司庆典或夜总会。

点击：激光表演转换工具

激光表演是艺术家和艺术的结合，当这两方面的因素逐渐融合到图像制作和投影软件里后，人们就可以更方便地进行激光表演。最新激光表演转换软件工具Lasershow Converter Max就是让激光艺术家进行图像制作和激光表演（包括播放和现场表演）的软件。过去，动画片是经过手绘后被扫描到电脑上，然后用激光方式再现出来的。如今，大部分动画都是先用标准的计算机软件制作，然后用这个软件将其转换成激光表演模式。这种操作所需的时间较少，而且分辨率更高，色彩更鲜艳。

特殊效果演示——激光水幕电影

水幕喷头可喷出扇形的、直径高度达数十米的巨幅雾状的水幕。与激光发生器、水幕电影机配合表演，在水幕上打出色彩斑斓的图形、文字，播放水幕电影，表演的效果极佳。雾化的水幕使得画面产生虚无缥缈的梦幻般的感觉，配以变化万千的水景，让观众的思绪自由驰骋。水幕喷头适用于江、河、湖、海及

◆晚会中的激光表演系统

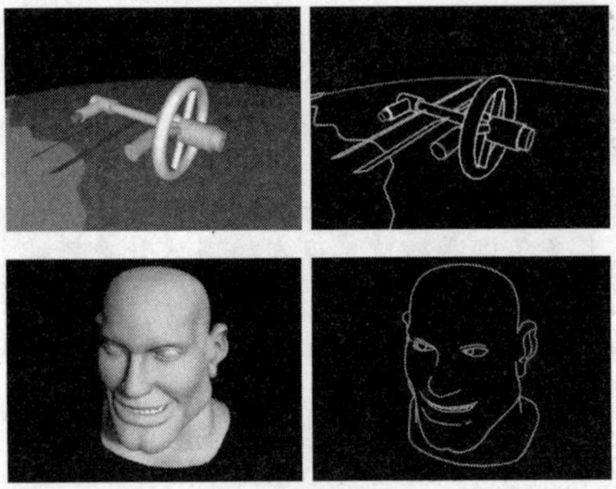
◆Lasershow Converter Max

室外场合，具有极佳的营业效果。

水幕激光表演系统是将激光器发出的激光束打在水幕喷头喷出的水膜上，激光束由激光控制系统编程控制，可发出多种多样的图案及色彩，照射在晶莹透明的水膜上，形成斑斓夺目的奇异效果。水幕电影出现于20世纪80年代，在国际上也仅在法国、日本等几个国家的大城市拥有。水幕电影采用特殊的放映机播放，使用的影片也是专门为水幕电影特制的影带。由于电影的屏幕是透明的水膜，因此在电影播放时会有一种特殊的光学效果，屏幕的视觉穿透性可使画面具有一种立体的感觉，影片的内容可与水面巧妙地结合，更有一种身临其境般的奇幻感觉。当观众在观摩电影时，扇形水幕与自然夜空融为一体，当人物出入画面时，好似人物腾起飞向天空或自天而降，产生一种虚无缥缈和梦幻的感觉，令人神往。

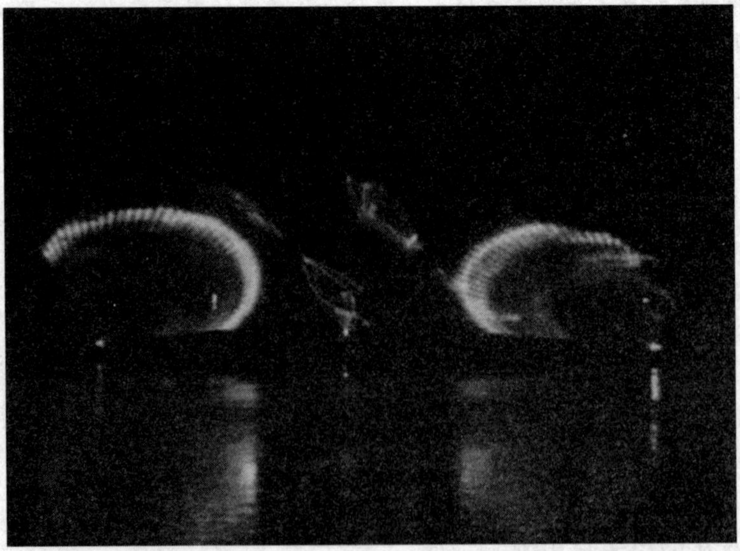
◆激光水幕电影

音乐表演喷泉是在程序控制喷泉的基础上加入了音乐控制系统，计算机通过对音频及 MIDI 信号的识别，进行译码和编码，最终将信号输出到控制系统，使喷泉的造型及灯光的变化与音乐保持同步，从而达到喷泉水型、灯光及色彩的变化与音乐情绪的完美结合，使喷泉表演更加生动更加富有内涵。音乐喷泉可以根据音乐的高低起伏变化。用户可以在编辑界面编写自己喜爱的音乐程序。播放系统可以实现音乐、水、灯光的气氛统一，播放同步。

◆激光音乐喷泉

拓展思考

1. 说说蓝光光盘与普通光盘的区别。
2. 你看过激光水幕电影吗？它出现于什么时候？
3. 激光音乐喷泉的工作原理是什么？
4. 说说激光表演的工作原理是什么？

多普勒效应——激光流量计

在日常生活中，我们都会有这种经验：当一列鸣着汽笛的火车经过某观察者时，他会发现火车汽笛的声调先由低变高再由高变低。为什么会发生这种现象呢？这种现象称为多普勒效应。在生活中，多普勒效应的应用是很多的。例如，马路上交通警察使用的测速仪，医院里使用的血流计等。那么，多普勒效应的原理是什么呢？除了声音有多普勒效应，光（激光）有多普勒效应吗？应用这种效应在实际中有什么作用？下面的内容就是帮你解答你的疑问的。

神奇的多普勒效应

◆奥地利物理学家多普勒

1842年德国有一位名叫多普勒的物理学家，一天，他正路过铁路交叉处，恰逢一列火车从他身旁驰过，他发现火车从远而近时汽笛声音变大，音调变尖，而火车从近而远时汽笛声变弱，音调变低。他对这个物理现象感到极大兴趣，并进行了研究。发现这是因为振源与观察者之间存在着相对运动，使观察者听到的声音频率不同于振源频率而造成的。这就是频移现象。因为是多普勒首先提出来的，所以称为多普勒效应。

多普勒发现这个效应时仅限于对声波，后来赫兹于1888年在实验室里生成了电磁波后，发现多普勒效应对电磁波也适用。然而，这个自然科学中的新发现直到一个多世纪之后，才逐渐在生物医学中得到应用。

超声波的多普勒效应

多普勒声纳是根据多普勒效应研制的一种利用水下超声波测量轮船航行速度的精密仪器。同时，它不仅能够测定船泊前进或后退的速度，还能测定船泊向左或向右横移的速度。如图所示，船的底部装有一个超声波发射器。

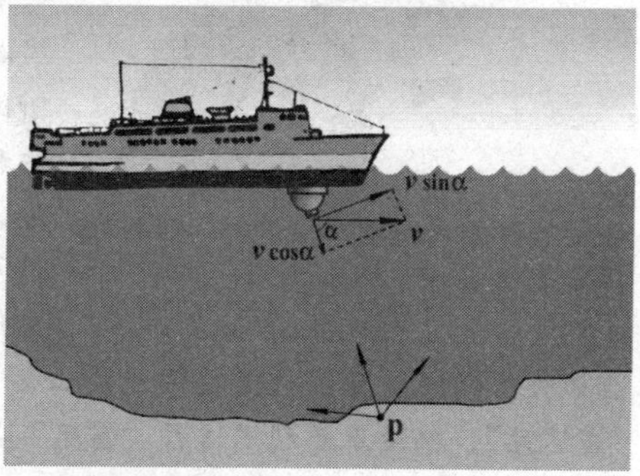

◆多普勒声纳

心脏和血管的病变影响血液的正常流动。通过人体血管内的血流速度、流动方向、流速的变化和流量的测量，可以确定血流是否出现障碍并能确定障碍的程度。帮助医生对心脏病情况作出正确判断。因此，血流的测量在医学上具有重要意义。测量血流的方法很多，常用的有利用超声波的多普勒效应或激光的多普勒效应制成的血流计。左图表示为用超声波多普勒效应测血流速度。超声波换能器 T 发射超声波到血球，流动的血球反射超声波，T 接收反射波。根据多普勒效应，发射和接收的超声波的频率有一个移动。所以用此仪器可以实时检测血液流动的速度。

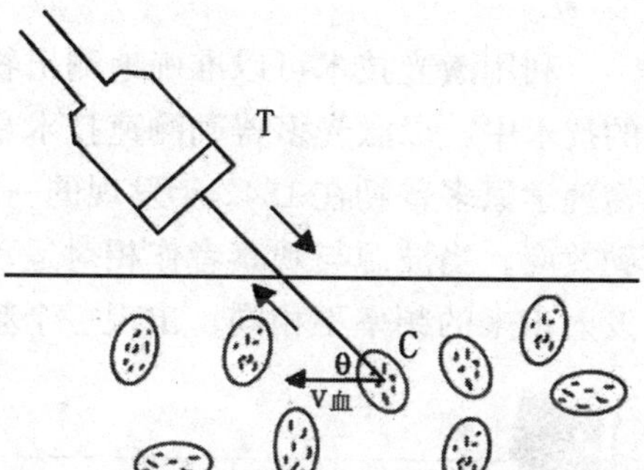

◆血流计的原理图

链接："听不见"的超声波

◆蝙蝠是如何捕捉昆虫的？——蝙蝠能发出超声波

当物体振动时会发出声音。科学家们将每秒钟振动的次数称为声音的频率。人类耳朵能听到的声波频率为16～20000Hz。因此，当物体的振动超过一定的频率，即高于人耳听阈上限时，人们便听不出来了，这样的声波称为"超声波"。虽然说人类听不出超声波，但不少动物却有此本领。大家可能看到过夏天的夜晚有许多蝙蝠在庭院里来回飞翔，它们为什么能在没有光亮的情况下飞翔而不会迷失方向呢？原因就是蝙蝠能发出2～10MHz的超声波，这好比是一座活动的"雷达站"。蝙蝠正是利用这种"雷达"判断飞行前方是昆虫或是障碍物的。

激光的多普勒效应

利用激光技术可以准确地测出物体的运动速度。在各种激光测量速度的技术中，以激光多普勒测速技术最为常用。这种测量技术是基于奥地利物理学家多普勒在1842年发现的一个现象——后来以他的名字命名的多普勒效应。当波源与观察者作相对运动时，观察者接收到的波动频率与波源发射出来的频率不相同，出现一个频率位移。

知识窗

重要的物理量——速度

在工业生产、科学研究实验中常常遇到各种速度测量的工作。比如，测量卫星运动速度、炮弹飞行速度、各种发动机尾部喷出气流的速度、水库中泥沙沉降速度、人体内毛细血管中血流速度等。在航天航空工业中，设计各种飞行器的过程中也很多都涉及到速度测量。

检查机动车速度的雷达测速仪就是利用了这种多普勒效应。测速仪向行进中的车辆发射频率已知的电磁波，通常是红外线，同时测量反射波的频率，根据反射波频率变化的多少就能知道车辆的速度。装有多普勒测速仪的警车有时就停在公路旁，在测速的同时把车辆牌照号拍摄下来，并把测得的速度自动打印在照片上。

◆三维光纤激光多普勒测速系统

用激光多普勒效应测量速度的优点有好几方面：首先，它是非接触式测量，测量过程中对测量物体的行为不产生干扰，如果是测量气体或者液体的流场，测量过程中对流场不产生干扰，而且也适合于在恶劣的环境中，比如对有强腐蚀性的液体、对高温高压气流的测量。其次是测量速度范围大，可以测量从每秒零点几毫米到每秒几千米的速度。第三是测量的空间分辨率高，可以测量直径 10 微米、深度 10 微米的小部位的流速。

实验：多普勒效应

在学校里，请老师帮助把 1000Hz 左右的音频声（用信号源发声，或者用音叉发声）录制在你的磁带中。实验时把磁带放在收录机中，用两根绳子把收录机悬挂在门的气窗横挡上，按下放音按键，使收录机发出音频响声，再让收录机摆动起来；你可以感觉到当收录机向你摆过来时音调变高，远离你去时音调变低。如果在实验室里做这个实验，还可以把收录机放在转盘架上旋转，以倾听音调的变化。

拓展思考

1. 在物理课上学过多普勒效应吗？列举一些你身边的多普勒效应现象。
2. 使用超声波测量血流速度的原理是什么？
3. 什么是超声波？
4. 激光多普勒效应有何实际应用？

精准的尺子——激光干涉测长

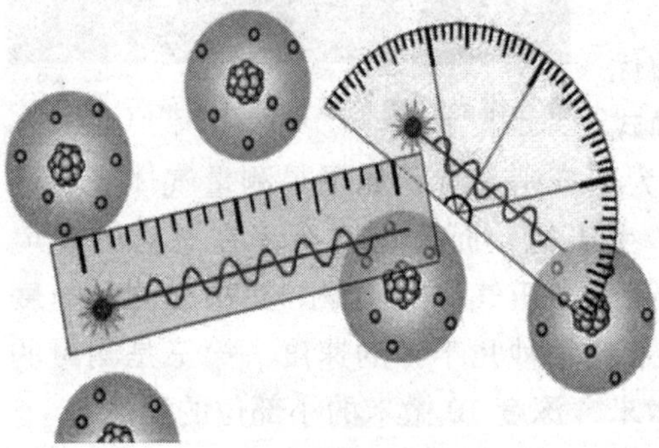

◆各种尺寸、距离、角度和形状的测量

在日常生活中，如果要测量物体的长度，我们使用什么工具？对了，尺子！直尺，卷尺，三角尺等。但是，它们的最小刻度是毫米，精确程度不高，不能满足我们“苛刻”的要求。如果想测得更精确可以用什么工具呢？是的，可以用游标卡尺和螺旋测微器。如果还想测得更准确可以用什么“武器”呢？不妨利用激光的干涉原理吧，它可以实现测得更加精确的“梦想”。

常见的干涉现象

干涉，是一种非常常见的自然现象。向平静的河面投两块小石子，在水面上看到两组水波，它们各自独立传播，但又相互影响干扰，出现明暗相间的波纹，这就叫“波的干涉现象”。仔细看这两组水波，它们相遇，波浪起伏更明显，高的更高，凹处变得更深。用物理术语来说，两组波的波峰与波峰相遇，则波浪起伏得更高，波谷与波谷相遇，凹处更深，一组的波峰与另一组的波谷相遇，则波浪相互抵消。这种现象称之为“波的叠加现象”。当两列波产生干涉，同时作用于某一点时，该点的振动等于每

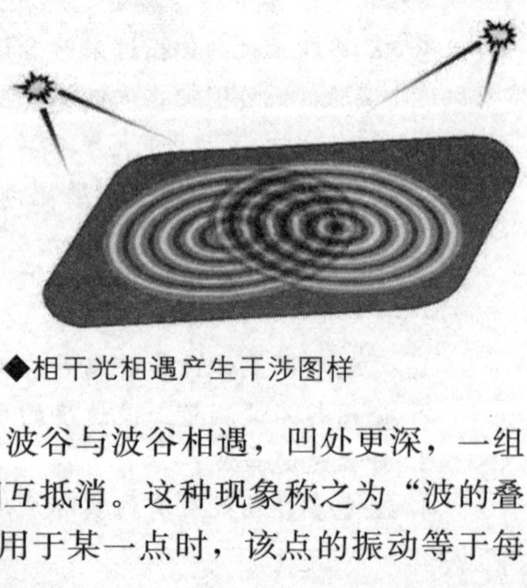

◆相干光相遇产生干涉图样

列波振动的代数和。激光，属于光的一种，也存在干涉现象，也适用叠加原理。两束相同激光相遇，也能像水波那样，出现明暗相间的条纹。

> 波除了具有干涉现象外，还有衍射的现象。开动脑筋，看看生活中哪些现象是衍射现象？

利用激光的这种相干性，可以将它的能量会聚到极小的空间区域内，从而产生极大的能量，作为点火器或引发热核聚变等。全息照相是成功应用激光相干性的一个例子。

万 花 筒

干涉产生的条件

不是随便的两束光相遇都能产生干涉现象的。只有当两列光的频率相同，振动方向相同，步调一致的时候，才能产生干涉。普通光源频率、方向、步调纷纭复杂，很难相干。激光单色性、方向性好，它的相干性也必定越好。

用激光干涉法测量长度

◆激光平面干涉测量仪

精密测量长度是精密机械制造工业和光学加工工业的关键技术之一。现代长度计量多是利用光波的干涉现象来进行的。干涉测量具有极高的精度，是因为利用了光的波长作刻度，比纸张厚度的一百分之一还要小。干涉测量的基本原理是：激光提供波长稳定的干涉光源作为测量的基准，干涉仪把它投射到被测的对象上，并让返回的光和另一束相干光线相遇，发生干涉；接收器负责探测干涉图样。利用干涉我们可以极其精密地测量各种尺寸、距离、角度和形状等等。光学干涉方法测量长度是最为精密的，测量精度可以达到波长的 1/100，也就是说，如果使用的是可见光，那么测量精度可以达到 0.005 微米！不过，由于普通光源的单色性差，能够测量的有效长度短，实际使用时有较大的局限性。激光的单色性非常好，用激光做的光尺子，可以有效地测量几千米甚至几十千米长的物体。

知 识 窗

精度与单色性

激光是最理想的光源，它比以往最好的单色光源（氪—86 灯）还纯 10 万倍。用氪—86 灯可测最大长度为 38.5 厘米，对于较长物体就需分段测量而使精度降低。若用氦氖气体激光器，最大可测几十千米。一般测量数米之内的长度，其精度可达 0.1 微米。

动动手：正确的测量方法

1. 拿起一把游标卡尺，你会测量物体的长度、深度、内径、直径吗？

2. 测量一本书的厚度，如果我想要知道其中一张纸的厚度，你能用什么方法把一张纸的厚度计算出来？

3. 你会使用螺旋测微器吗？右边螺旋测微器的读数是多少？

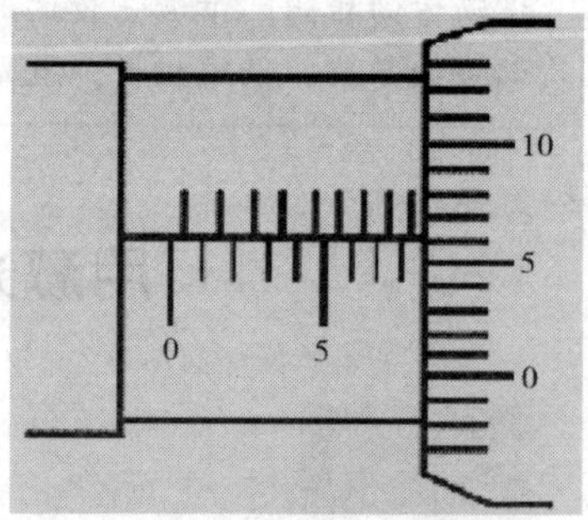

◆螺旋测微器的读数(末位估读)

拓展思考

1. 什么是干涉现象？
2. 干涉现象产生的条件是什么？
3. 用激光干涉法测量长度的原理是什么？
4. 你会使用螺旋测微器吗？动手学一学吧。

让光线来回跑——激光测距

1968 年墨西哥奥运会的头号英雄，要数美国运动员鲍勃。他“不朽的一跳”创造了“神话般的奇迹”，以 8.90 米的成绩超越世界纪录 55 厘米。由于几乎跳到沙坑尽头，落在当时光学测距设备的计量范围之外，以至于裁判们不得不临时找来钢卷尺反复测量与核实。这个惊人的纪录在记分牌上显示出来时，由于鲍勃对公制量度缺乏概念竟一时回不过神来，当人们告诉他 8.90 米等于 29.25 英尺，鲍勃才顿时激动得长跪不起，热烈拥抱和亲吻大地。这一纪录直到 23 年后才被鲍威尔在东京以 8.95 米的成绩所打破。墨西哥奥运会上为鲍勃跳远测距的光学仪器竟然会无能为力，世界大牌明星鲍勃竟会只知道英尺而不知道米，这无疑都涉及到运动场上的测距问题。

◆美国运动员鲍勃的“不朽的一跳”

运动与测量的往事

测距和计时一样，是体育竞赛的生命线。一切运动都离不开在三维空间中的精确定位，许多项目的成绩都是以路程和位移的量化为最终结果的。而“差之毫厘，失之千里”的古谚应该是对运动测距的最好描绘了。

1948 年伦敦奥运会上出现了“机械测距”，把标尺固定在跳远沙坑旁，上面垂直安装一根既能滑动又能转动的横杆，可以在运动员完成动作后立

◆1948 年伦敦奥运会机械测距仪

即放下来和沙坑里的落点“对齐”并读出成绩。1968 年墨西哥奥运会上使用了早期的光学测距，这是一个长长的如同滑轨的钢尺，平行放置在沙坑旁的半空中，一台望远镜般的光学仪器就像磅秤上的砝码可在钢尺上移动，当它垂直对准沙坑里的落点时，钢尺上的刻度便显示出跳远的成绩。比蒙就是因为跳过了钢尺滑轨的尽头，才导致这种光学测距仪“望尘莫及”的。

万花筒

古老的测量手段

早期运动场上的测量工具是皮尺，由于具有伸缩性并容易在风中飘动和扭结，测量的精确性大打折扣。自从发明了钢卷尺，测量更加可靠了。但操作不便，气候影响、距离限制等因素仍长期困扰着运动场上的裁判。人们曾想出各种办法改进测距手段。

1908年伦敦奥运会开始确定米制为通用标准，从此大家便都用度量单位的共同语言与国际接轨了。

由于距离的失误带来的错误结果在体育比赛中经常发生，让人哭笑不得。1932 年洛杉矶奥运会上，美国选手梅特的 200 米赛道多出了 2 米，致使夺冠的希望破灭；3000 米障碍赛中所有运动员都多跑了一圈，致使本来应该获银牌的美国运动员麦克斯基在“额外”的最后一圈被人超过而变成了第三名；1956 年墨尔本奥运会步枪卧射比赛中，加拿大选手奥里蒂以 600 环创造了世界纪录，但后来发现射程距离比奥运会标准短 1.5 米，纪录不能被正式承认；1965 年中国第二届全运会 10000 米竞赛由于少记一圈，致使这一项目没有成绩；2000 年悉尼运动会体操比赛中，由于跳马的安放和调整失误，比标准高度矮了 5 厘米，致使体操明星在比赛中一个个都摔得晕头转向。

准确的激光测距

如何更快捷、准确、可靠地丈量距离，是体育运动的持久课题。现代科技发展使测距手段与日俱新。当我们看到今天的选手把标枪、铁饼投出后，便有一位裁判在落点插上标志，接着安放在远处的激光测距仪便立即报告出准确的读数了。测距仪决不会安放在运动员的正后方，因此激光跑过的路程实际是落点到仪器间的距离。测距仪自然会用余弦公式算出正确数据。

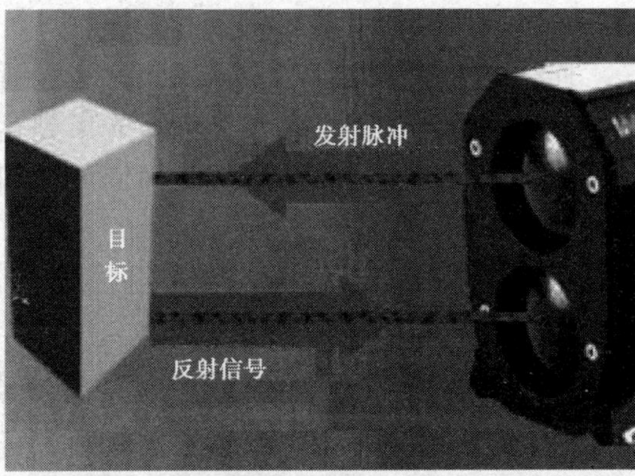

◆激光测距仪工作原理

原 理 介 绍

非常讲究的“标签”

每次插在落点处的“标签”也有特别的构造。它的顶端是一个复合的三棱镜。光线无论从什么方向射来，它都能按照原方向反射回去。对于灵敏度极高的测距仪，接收这样“剂量”的信号已经绰绰有余。

让光线代替人来回跑一趟，便是测距仪的工作原理。从工作方式上分有两种：脉冲激光测距和连续波激光测距。

用脉冲激光器向目标发射一列很窄的光脉冲（脉冲宽度小于 50ns），光达到目标表面后部分被反射，通过测量光脉冲从发射到返回接收机的时看不见的波长900纳米的红外激光对人眼无害，能迅速投射到落点标志上反射回来并被接收。

间，可算出测距仪与目标之间的距离。最新的激光测距仪则连续发出短促的激光脉冲，然后接收从测量标志上反射回来的信号。尽管光线的速度为每秒 30 万千米，但精确到纳秒的仪器却能够准确测出激光走完一个来回所花的时间，剩下的工作就只是简单计算了。

连续波激光测距仪通常采用相位法进行测距，其原理是首先向目标发射一束经过调制的连续波激光束，光束到达目标表面后被反射，通过测量发射的调制激光束与接收机接收的回波之间的相位差，可得出目标与测距仪之间的距离。

广角镜：连续波测距仪与脉冲测距仪的比较

◆一维激光测距仪

连续波激光测距仪发射的功率较弱，因而测距能力相对较差，但连续波激光测距仪的测距精度高。因此，连续波激光测距仪大多用来对合作目标进行较为精确的测量，如用作自动目标跟踪系统中的精密距离跟踪（像对导弹飞行初始段的测距和眼踪）、大地测量等。脉冲激光测距仪能发出很强的激光，测距能力较强，即使对非合作目标，最大测距也能达到 30000m 以上。其测距精度一般为 5m，最高的可达 0.15m。脉冲激光测距仪既可在军事上用于对各种非合作目标的测距，也可在气象上用于测定能见度和云层高度。以及应用在对人造卫星的精密距离测量等领域。

各样的激光测距仪

目前市场上常见的测距仪有手持激光测距仪和望远镜式激光测距仪。手持激光测距仪测量距离一般在 200m 内，精度在 2mm 左右。

万 花 筒

使用注意问题

激光测距仪不能对准人眼直接测量，防止对人体的伤害。同时，一般激光测距仪不具防水功能，所以需要注意防水。激光器不具备防摔的功能，激光测距仪的发光器很容易摔坏。

望远镜式激光测距仪是目前使用范围最广的激光测距仪。在功能上除能测量距离外，一般还能计算测量物体的体积。望远镜式激光测距仪测量距离一般在 600～3000m 左右，这类测距仪测量距离比较远，但精度相对较低，精度一般在 1m 左右。主要应用范围为野外长距离测量。

◆手持激光测距仪

◆望远镜式激光测距仪

实验：月球激光测距

◆月球激光测距实验

月球激光测距实验是一项通过激光测量地月距离的科学实验。它的原理是将具有高度同向性的脉冲激光束射向人工放置在月球表面的角反射镜，利用角反射镜的特殊光路性质，通过发送和接收的时间差计算出地月距离。

在过去的几十年中，人类通过登月航天器在月球的表面上放置了多个角反射镜。这包括美国的阿波罗11号，阿波罗14号，阿波罗15号；前苏联的月球17号（月球车1号）和月球21号（月球车2号）等等。目前在这些人工仪器的帮助下，地月距离的测量精度已经可以达到毫米量级。这有助于人们更好地了解月球轨道的演进，并进而推断月球的构造。

拓展思考

1. 什么是激光测距？它的原理是什么？
2. 激光测距可以应用在哪些场合？你能举出多少例子？
3. 常用的激光测距仪器有哪些？
4. 为什么激光测距的精度比传统测距仪器精度高？

栩栩如生的图像
——激光全息技术

◆全息防伪技术

清朝时候，有个姓汪的官员，乘马车走在一处河堤上，忽然阴云密布。汪某急忙停下躲避。雨过天晴，汪某下车方便，回头时看见车窗内有个人影。揭开车帘看，车厢里无人，仔细审视，原来人影是在车玻璃上。回家后，人影依然不散，家人都以为神异，就把这块玻璃取下供奉起来。20几年后，汪家的儿童用弓箭游戏，打碎了玻璃。奇怪的是，每一块碎片上的影像仍然是完整的。

汪某的外甥拿去给他的好友姚元之看。姚元之把自己看到的情况记录下来。姚元之生活在清代嘉庆、道光两朝，囿于当时认识水平，姚元之把这一奇异现象解释为在雷雨时刻，一位避劫的仙灵精气聚合不散，附着在玻璃上而形成。现代全息技术的发展，揭示了它的奥秘。我们将在本专题中，介绍全息照片到底是怎么回事。

什么是激光全息?

1947年，伽柏在从事提高电子显微镜分辨本领的工作时，提出了全息术的设想并用以提高电子显微镜的分辨本领。这是一种全新的两步无透镜成像法，也称为波阵面再现术。利用双光束干涉原理，产生干涉图样，即可把位相“合并”上去，再用感光底片同时记录下位相和振幅，就可以获

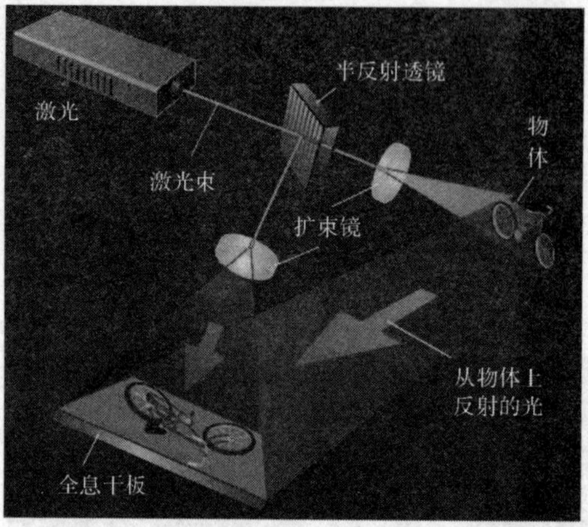

◆激光全息示意图

得全息图像。

但是，全息照相是根据干涉法原理拍摄的，须用高密度（分辨率）感光底片记录。由于普通光源单色性不好，相干性差，因而全息技术发展缓慢，很难拍出像样的全息图。我们在拍摄全息照片时，对应的拍摄设备并不是普通照相机，而是一台激光器。该激光器产生的激光束被分光镜一分为二，其中一束被命名为“物光束”，直接照射到被拍摄的物体，另一束则被称为“参考光束”，直接照射到感光胶片上。当物光束照射到所摄物体之后，形成的反射光束同样会照射到胶片上，此时物体的完整信息就能被胶片记录下来，全息照相的摄制过程就这样完成了。伽柏因发明和发展全息照相法，获得了 1971 年度诺贝尔物理学奖。

全息照片看上去只有一些乱七八糟的条纹，但当我们使用一束激光去照射照片时，立体图像就会栩栩如生地展现出来。

三维立体的全息照片

20 世纪 70 年代末期，人们发现全息图片具有包括三维信息的表面结构（即纵横交错的干涉条纹），这种结构是可以转移到高密度感光底片等材料上去的。

1980 年，美国科学家利用压印全息技术，将全息表面结构转移到聚酯薄膜上，从而成功地印制出世界上第一张模压全息图片，这种激光全息图片又称彩虹全息图片，它是通过激光制版，将影像制作在塑料薄膜上，产

◆立体的全息照相

生五光十色的衍射效果，并使图片具有二维、三维空间感，在普通光线下，隐藏的图像、信息会重现。当光线从某一特定角度照射时，又会出现新的图像。这种模压全息图片可以像印刷一样大批量快速复制，成本较低，且可以与各类印刷品相结合使用。至此，全息摄影向社会应用迈出了决定性的一步。

讲解：全息照相与普通照相有何不同？

普通照相是运用几何光学中透镜成像原理，仅记录了物光中的振幅信息，不能反映光波中的位相信息，所以普通照片上的图像没有立体感。

◆英国女王普通照片图

◆英国女王全息照片图

全息照片和普通照片截然不同。用肉眼去看，全息照片上只有些乱七八糟的条纹。可是若用一束激光去照射该照片，眼前就会出现逼真的立体景物。更奇妙的是，从不同的角度去观察，就可以看到原来物体的不同侧面。而且，如果不小心把全息照片弄碎了，那也没有关系。随意拿起其中的一小块碎片，用同样的方法观察，原来的被摄物体仍然能完整无缺地显示出来。

火眼金睛——全息防伪

◆全息防伪让假冒产品无处藏身

◆阳澄湖大闸蟹也有激光防伪标志

早期的激光全息照片只能激光再现，即要想观察激光全息照片只能用激光器作光源以一定角度照射全息照片才能观察到图像。激光全息照片要实现商品化就要实现白光再现，即在普通光源下能观察到激光全息图像。模压全息最常用的白光再现激光全息技术为两步彩虹全息术和一步彩虹全息术。

较成熟的模压激光全息技术问世于 20 世纪 80 年代初的美国，80 年代中期传入我国。早期的模压激光全息技术主要应用于图像显示（工艺品类），在应用于防伪领域后，模压激光全息技术得到飞速的发展。

对全息防伪商标真伪的非专家检验也由单纯的目测发展到卡片检验、放大镜检验、激光束照射检验等，未来的趋向是电子识别检验。

模压激光全息技术虽然具有不可仿冒性，但对于普通消费者鉴别真伪是有相当难度的。为了应对激烈的竞争，提高非专业人士识别的可能性，激光全息技术人员不断开发新的技术，如流星光点、幻纹技术等一线防伪

◆利用全息技术防伪纸币

技术和激光加密、双卡技术等二线防伪技术。模压激光全息标识鉴别的方向是快速电子半自动/自动识别。

海量存储——全息存储

全息存储是受全息照相的启发而研制的，当你明白全息照相的技术原理后，对于全息存储就能够更好地理解了。全息存储技术同样需要激光束的帮忙，研发人员要为它配备一套高效率的全息照相系统。首先利用一束激光照射晶体内部不透明的小方格，记录成为原始图案

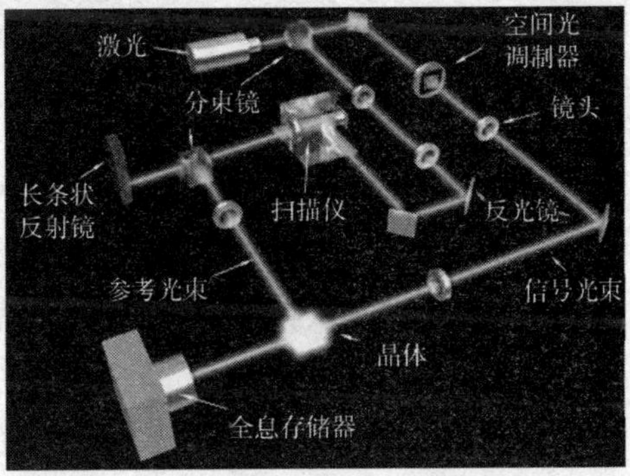

◆在全息存储设备中，激光束被一分为二，产生的两股光束在一块晶体介质中相互作用，将一页数据转化为全息图的形式并存储起来

◆传统工具已经不能满足要求

后，再使用一束激光聚焦形成信号源，另外还需要一束参考激光作为校准。当信号源光束和参考光束在晶体中相遇后，晶体中就会展现出多折射

角度的图案，这样在晶体中就形成了光栅。一个光栅可以储存一批数据，称为一页。我们把使用全息存储技术制成的存储器称为全息存储器，全息存储器在存储和读取数据时都是以页为单位的。

全息存储优势

◆全息存储技术突破一张光盘可存 500GB

近 20 年来，使用光来存储和读取数据的设备一直是数据存储技术的支柱。在 20 世纪 80 年代早期出现的光盘带来了数据存储的革命，它能够将兆字节级别的数据存储到一张直径只有 12 厘米、厚度大约 1.2 毫米的圆盘上。1997 年，一种被称作数字多功能光盘（DVD）的增强版 CD 推出，它能够在一张光盘上存储一整部电影。CD 和 DVD 是音乐、软件、个人电脑数据以及视频的主要存储方式。一张 CD 能够容纳 783MB 的数据，相当于 1 小时 15 分钟的音乐。但是索尼公司计划推出一种 1.3GB 的大容量 CD。一张双面双层的 DVD 能够存储 15.9GB 的数据，相当于 8 小时的电影。这些传统的存储介质满足了当前的需要，但是存储技术必须不断进步以满足不断增长的消费需求。CD、DVD 和磁存储器都是将信息的比特数据存储在记录介质的表面上。

全息存储几乎可以永久保存数据，在切断电能供应的条件下，数据可在感光介质中保存数百年之久，这一点也远优于硬盘。

与目前的存储技术相比，全息存储在容量、速度和可靠性方面都极具发展潜力。由于全息存储器以页作为读写单位，不同页面的数据可以同时并行读写，理论上其存储速度非常高。业界普遍估计，未来全息存储可以实现 1GB/s 的传输速度，以及小于 1 毫秒的随机访问时间！使用全息存储技术后，一块方糖大小的立方体就能存储高达 1TB 的数据，这么高的容量并不是空穴来风。由于一个晶体有无数个面，我们只要改变激光束的入射角度，就可以在一块晶体中存储数量惊人的数据。打个形象的比喻，我们可以把全息存储器看成像书本那样，这也是其用小体积实现大容量的原理所在，理论上全息存储可以轻松突破 1TB 的存储密度！与传统硬盘不一样，全息存储器不需要任何移动部件，数据读写操作为非接触式，使用寿命、数据可靠性、安全性都达到理想的状况。

拓展思考

1. 什么是激光全息技术？
2. 全息照相与普通照相有何不同？
3. 为何全息技术可以用来防伪？
4. 什么是全息存储技术？它的优点是什么？

光子代替电子——光计算机

◆惊人的光速

电脑是非常普及的工具，几乎每家每户都拥有一台。而且它也是人们必不可少的学习、工作、生活的工具。你是否嫌你的电脑慢，想要升级或更换一台？如果你有一台速度非常快的电脑？会有什么后果？你可能会回答，速度越快，功率越大，散发的热量越大，消耗的电量也越多。但如果你有一台光计算机，一切就不同了。它的运算速度至少比现在的计算机快1000倍，存储容量比现在的计算机大百万倍。光计算机能识别和合成语言、图画和手势，能学习文字，连潦草的手写文字都能辨认。不仅如此，在遇到错误的文字时，它还能“联想”出正确的文字。

什么是光计算机?

电子计算机是本20世纪40年代出生的。激光器问世后，科学家们自然而然地想到使用光元素器件来制造光计算机。电子计算机是以电子传送信息，而光计算机是以光子传送信息。光计算机是由光代替电子或电流，实现高速处理大容量信息的计算机，运算速度极高，耗电极低。光计算机目前尚处于研制

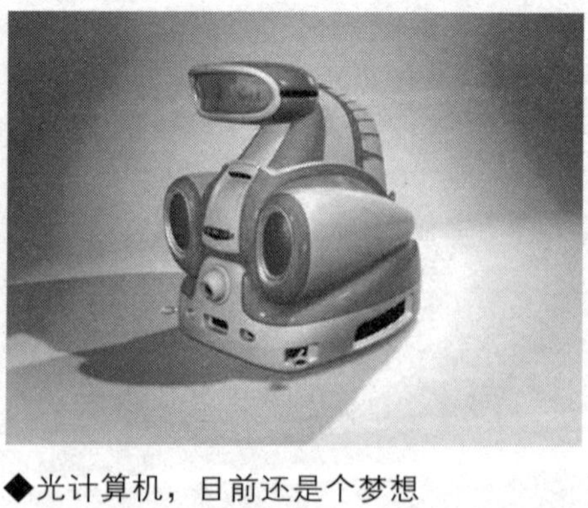

◆光计算机，目前还是个梦想

阶段。

动手做一做

去亲身体验一下什么是自然界的波动吧：

1. 用手抖动另一端固定在墙壁上的绳子时，可以看到绳子随着你手的抖动呈现一上一下波浪般的起伏振动；

2. 投一块石子于湖中，原先平静的湖面上就会泛起凹凸起伏的波浪，并逐渐向外扩展（传播）开去。

3. 将上面的现象和电磁波的形成相比较，你会有意外的收获。

电脑是靠电荷在线路中的流动来处理信息的，而光脑则是靠激光束进入由反射镜和透镜组成的阵列中来对信息进行处理的。光子不像电子那样需要在导线中传播，即使在光线相交时，它们之间也不会相互影响。光束的这种互不干扰的特性，使得光脑能够在极小的空间内开辟很多平行的信息通道，密度大得惊人。一块截面为 5 分硬币大小的棱镜，其通过的信息量超过全球现有全部电话电缆通过的信息量的许多倍。

光计算机比电子计算机更先进。光计算机的出现，将使 21 世纪成为人机交互的时代。光计算机的应用也非常广泛，特别是在一些特殊领域，比如预测天气、气候等一些复杂而多变的过程；还可应用在电话的传输上。现在的通信已发展到光纤通信，使用电子计算机，就必须进行光信号和电信号之间的转换，如果使用光计算机，就不必进行这种转换了。

◆IBM 超级计算机，它是全球首台突破每秒 1000 万亿次浮点运算的超级计算机

因此，电子工程师们早就设想在计算机中使用光子了。光脑的许多关键技术，如光存储技术、光互连技术、光电子集成电路等都已获得突破。光脑的应用将使信息技术产生飞

跃。现在，全世界除了贝尔实验室外，日本、德国等国家的一些公司也都投入巨资研制光计算机，预计在不久的将来将出现更加先进的光计算机。

广角镜：用超级计算机烧开水

◆CPU上的水冷却系统

超级计算机对电力的需求越来越变态，甚至发展到了需要专门为数据中心修建发电厂的地步。而作为耗电大户的CPU相当一部分电能会转换为热量，以至于还得耗费更多的电能对其散热冷却。

IBM正计划打造既凉快又节能还环保的超级计算机。其想法很简单——让水从核心带走热量。水冷早就不是什么新玩意儿了，不过IBM通过纳米技术让水尽可能地接近核心，或者直接在硅晶片上集成水路循环系统。更重要的是，IBM计划把CPU打造为生活用水的锅炉，为家庭烹饪用水、洗澡用水、游泳池用水等提供热水来源。将CPU产生的热量变为有效的资源，同时又能减少冷却系统的电力消耗，IBM的做法无疑是值得肯定的，但为游泳池提供热水就似乎有点矫枉过正的感觉，对于今天的计算机来说，更好的“性能/每瓦”也许才是我们更加应该追求的。

研究热点——光计算机

光计算的雏形

1990年，美国的贝尔实验室推出了一台由激光器、透镜、反射镜等组成的计算机，这就是光计算机的雏形。随后，英、法、比、德、意等国的70多名科学家研制成功了一台光计算机，其运算速度比普通的电子计算机快1000倍。光计算机又叫光脑。电脑是靠电荷在线路中的流动来处理信息的，而光脑则是靠激光束进入由反射镜和透镜组成的阵列中来对信息进行处理的。与电脑相似之处是，光脑也靠产生一系列逻辑操作来处理和解决问题。计算机的功率取决于其组成部件的运行速度和排列密度，光在这两个方面都很理想。光子不像电子那样需要在导线中传播，即使在光线相交时，它们之间也不会相互影响，并且在不满足干涉的条件下也互不干扰。

> 光子的速度即光速，为每秒30万千米，是宇宙中最快的速度。激光束对信息的处理速度可达现有半导体硅器件的1000倍。

纳米电浆子元件

英国工程和自然科学研究委员会宣布为英国女王大学和伦敦帝国理工学院提供600万英镑资金，以帮助其开展关于纳米电浆子元件的研究。

> **知 识 窗**
>
> **纳米电浆子元件**
>
> 纳米电浆子元件是一种纳米级别金属构件的主要组成部件，比人的头发丝的直径还要细100倍，能够引导和控制光的传播。这种特制的元件能够以一种高度交控的方式与光进行相互作用。这就意味着在将来纳米电浆子元件可以用来制造高速运算的“光计算机”。之所以称之为“光计算机”，是因为它是通过光信号来进行信息处理的，而目前的计算机还主要是通过电流来完成这一过程的。

当前计算机的处理速度主要受到电子元件之间信息传递时间的限制。为了提高计算机的处理速度，来自英国女王大学和伦敦帝国理工学院的科

◆英国女王大学的阿纳托利·萨茨教授，他是该项目的负责人

学家们开发出一种以光的形式在纳米金属线中进行信号传递的方法。为了达到此目的，科学家们研发出一种新的金属元件基板，其中就包括纳米光源和纳米波导。纳米光源和纳米波导可以引导光按照既定的路线运行，然后用纳米探测器来接收光信号。同样的方法也可以用来研发速度更快的网络设备。

英国女王大学的阿纳托利·萨茨教授是该项目的负责人。他表示，“这是一种最基本的研究，我们的主要目的要发现光是怎样和纳米材料进行互相作用的。我们会和该领域的合作者一起共同研究该项目发展的方向，不断改进新的产品和设备，希望有一天每个人都能买得起”。

硅光子技术

Intel在通往光计算机的道路上又迈出了坚实的一步。Intel在《自然》杂志上发表的文章宣称，公司已经使用硅材料创造了雪崩光电二极管（APD）性能的世界纪录，频率高达340GHz。

万花筒

雪崩光电二极管

它是由一个p-n结组成的，通过它把光信号转换成电信号的一种半导体器件。在以硅或锗为材料制成的光电二极管的p-n结上加上反向偏压后，射入的光被p-n结吸收后会形成光电流。加大反向偏压会产生“雪崩”（即光电流成倍地激增）的现象，因此这种二极管被称为“雪崩光电二极管”。

用光导线替代目前计算机中的电线路能够爆炸式地提高传输带宽，

也就是科幻小说中常出现的“光脑”。Intel 自 20 世纪 90 年代中期就开始对硅光子技术进行研究，此次基于硅的高性能 APD 就是他们的最新突破。

◆放大看 APD

Intel 用硅制造出的 APD 频率高达 340GHz，能够支持更高速的光纤传输，使硅光子设备的性能首次超越传统光纤设备。而相比传统中用磷化铟等材料制造的光纤设备，使用半导体产业中习以为常的硅芯片，还能够大幅度降低制造成本。

Intel 硅光子实验室主管表示，此次研究成果是硅芯片能够制造高性能光通信设备的又一范例。除了光通信外，硅 APD 还能够应用在诸如传感器、成像、量子密码学以及生物学等领域中。

原理介绍

科学家首次成功地将一个光脉冲“冻住”了足足 1 秒钟的时间，这是以前最好成绩的 1000 倍。将冻住光束的时间大大延长，意味着可能据此找到实用方法，来制造光计算机或量子计算机用的存储设备。

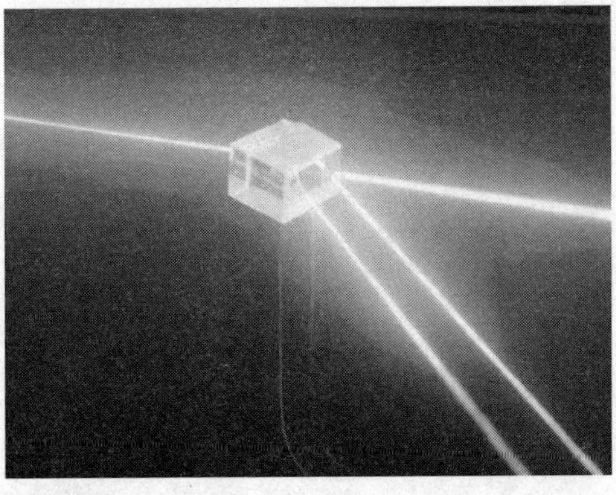

◆将激光束冻住

要使光停住脚步，需要一种特殊的陷阱，其中的原子温度极低。通常情况下，这样一团冻结的原子是不透明的，但仔细校准后的激光能够在其中“切割”出一条通道，使得一个光脉冲从另一方向传播过来时，陷阱相对于它来说是透明的。一旦切断激光，陷阱立刻又变得不透明，光脉冲就被困在陷阱里了。恢复激光照射，光脉冲将继续传播。

拓展思考

1. 什么是光计算机?
2. 传统计算机的缺点是什么?
3. 什么是雪崩光电二极管（APD)?
4. 通过本篇知识的阅读，你认为光束能冻结吗?

生活中的分类器
——激光条码扫描器

◆激光条码扫描器在超市最常见

高科技将相关领域的科技成果融为一体，促进了人类生产生活的自动化，其最终目的和最终结果是使人们从生存劳动中解放出来。激光技术的出现，为家庭自动化又提供了新的可供选择的方法。在我们生活中，超市已成为人们选购货物的中心。我们选购的物品上都有相应的条形码标志，那么，条形码究竟代表了什么意思，它在商品流通中起到了什么作用呢？这就要从条形码的身世说起了。

不平凡的激光扫描器

什么是条形码？

◆可爱的条形码

商品条形码是指由一组规则排列的条、空及其对应字符组成的标识，用以表示一定的商品信息的符号。其中条为深色、空为浅，用于条形码识读设备的扫描识读。其对应字符由一组阿拉伯数字组成，供人们直接识读或通过键盘向计算机输入数据使用。这一组条空和相应的字符所表示的信息是相同的。

条形码工作原理

◆激光照在条形码上

当条形码扫描器光源发出的光照射到黑白相间的条形码上时，反射光经凸透镜聚焦后，照射到光电转换器上，于是光电转换器接收到与白条和黑条相应的强弱不同的反射光信号，并将其转换成相应的电信号输出到放大整形电路。白条、黑条的宽度不同，相应的电信号持续时间长短也不同。但是，由光电转换器输出的与条形码的条和空相应的电信号一般仅 10mV 左右，不能直接使用，因而先要将光电转换器输出的电信号送放大器放大。放大后的电信号仍然是一个模拟电信号，为了避免由条形码中的疵点和污点导致错误信号，在放大电路后需加一整形电路，把模拟信号转换成数字电信号，以便计算机系统能准确判读。从整形电路输出的脉冲数字信号经译码器译成数字、字符信息。它通过识别起始、终止字符来判别出条形码符号的码制及扫描方向；通过测量脉冲数字电信号 0、1 的数目来判别出条和空的数目。通过测量 0、1 信号持续的时间来判别条和空的宽度。这样便得到了被辨读的条形码符号的条

不同颜色物体，反射波长不同，白色物体反射各种波长的可见光，黑色物体吸收各种波长的可见光。

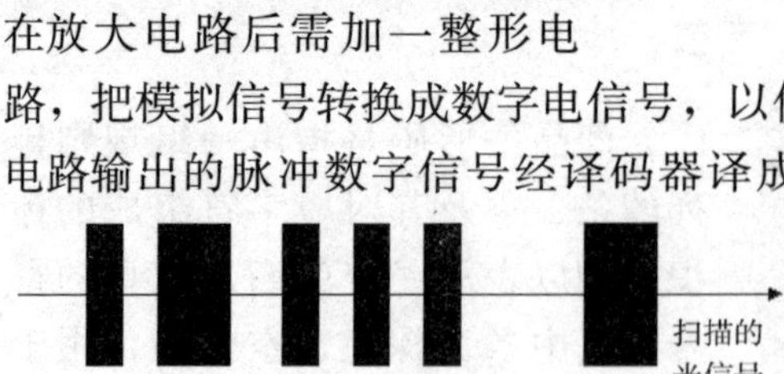

◆信号由光信号转换成“0”、“1”代码

和空的数目及相应的宽度和所用码制，根据码制所对应的编码规则，便可将条形符号转换成相应的数字、字符信息，通过接口电路送给计算机系统进行数据处理与管理，便完成了条形码辨读的全过程。

悠久的条码技术

始于分邮政单据

条码技术最早产生在 20 世纪 20 年代。一位名叫柯莫德性格古怪的发明家“异想天开”地想对邮政单据实现自动分拣，那时候对电子技术应用方面的每一个设想都使人感到非常新奇。他的想法是在信封上做条码标记，条码中的信息是收信人的地址，就像今天的邮政编码。为此，柯莫德发明了最早的条码标识，设计方案非常的简单，即一个“条”表示数字“1”，二个“条”表示数字“2”，以此类推。

◆条形码最初应用于邮政单据的自动分拣

1949 年的专利文献中才第一次有了诺姆·伍德兰和伯纳德·西尔沃发明的全方位条码符号的记载，在这之前的专利文献中始终没有条码技术的记录，也没有投入实际应用的先例。其想法是利用垂直的“条”和“空”，并使之弯曲成环状，非常像射箭的靶子。这样扫描器通过扫描图形的中心，能够对条码符号解码，而不管条码符号方向的朝向如何。

条码工业

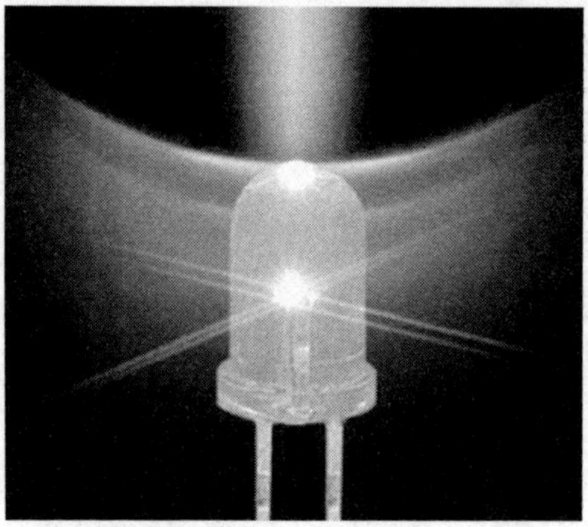
◆发光二极管

此后不久，随着发光二极管、微处理器和激光二极管的不断发展，迎来了新的标识符号和其应用的大爆炸，人们称之为“条码工业”。今天很少能找到没有直接接触过既快又准的条码技术的公司或个人。由于在这一领域的技术进步与发展非常迅速，并且每天都有越来越多的应用领域被开发，用不了多久条码就会像灯泡和半导体收音机一样普及，将会使我们每一个人的生活都变得更加轻松和方便。

条码的优越性

◆条码制作机

数据输入速度快 用键盘输入时，一个每分钟打 90 个字的打字员 1.6 秒可输入 12 个字符或字符串，而使用条码，做同样的工作只需 0.3 秒，速度提高近 5 倍。

灵活、实用 条码符号作为一种识别手段可以单独使用，也可以和有关设备组成识别系统实现自动化识别，还可和其他控制设备联系起来实现整个系统的自动化管理。同时，在没有自动识别设备时，也可实现手工键盘输入。

自由度大 识别装置与条码标签相对位置的自由度要比 OCR 大得多。条码通常只在一维方向上表达信息，而同一条码上所表示的信息完全相同并且连续，这样即使是标签有部分缺失，仍可以从正常部分输入正确的信息。

> 条码准确率高，键盘输入平均每300个字符一个错误，而条码输入平均每15000个字符一个错误。

易于制作 条码标签易于制作，对印刷技术设备和材料无特殊要求。

拓展思考

1. 你周围的超市或商店里有条形码扫描器吗？
2. 条形码工作原理是什么？
3. 使用条形码有什么优越性？
4. 找找你身边有条形码的商品。

信不信由你——实用的激光

◆甜美的水果有可能是通过激光照射得来的

自1960年美国研制成功世界上第一台红宝石激光器，我国也于1961年研制成功首台国产红宝石激光器以来，激光技术被认为是20世纪继量子物理学、无线电技术、原子能技术、半导体技术、电子计算机技术之后的又一重大科学技术新成就。40多年来，激光技术得到突飞猛进的发展，使其成为当今新技术革命的“带头技术”之一。近年来，激光技术发展的速度十分惊人，应用的范围不断拓展，如激光保鲜、激光育种、激光医疗、激光美容等等，已成为科技人员研究的热门领域。下面就来介绍一些激光鲜为人知的实际应用。

果农的福音——激光保鲜

过去，人们还在为常温下蔬菜保鲜绞尽脑汁。花卉和果蔬采后极易衰老（败），其主要原因是这些园艺产品的生理代谢旺盛、含水量高、易受机械损伤和病源微生物的侵害。根据我国现有国情，推行低温“冷链”贮运的技术和物质条件尚有困难，而采用化学药剂的保鲜措施，不仅有害人体健康、污染环境，而且其使用效果在不同种类的产品之间差异很大。

◆水果保鲜用不着冷藏了

现在激光已经轻而易举地解决了这一问

题。比如蔬菜远距离运输，装运前用激光扫描一次就够了，途中十天八天仍新鲜如常。原理很简单，激光能量大时就抑制了蔬菜生长。反之，其能量适合它的生长条件即可催生，所以激光育种又推广开了。用激光照射种子能够引起作物的性状发生变异，可以提高农作物的产量。另外，强电场还能使空气发生电离，产生负离子和臭氧，具有抑制和杀灭细菌的作用，防止鲜活农产品的霉变腐败。

激光保鲜技术对大多数花卉、果品和蔬菜具有明显的保鲜效果，保鲜期平均可延长1至5倍。

资深品酒师——激光品酒

◆激光也可以品酒

过去酒的味道好坏一般都是由老资格的品酒师亲口评定。这种评酒方式既费时，鉴定的结果又不一定公正、客观。最近，美国物理学家培亚特发明了一种“品”酒的激光装置，它不但能品尝出酒的味道，而且还能测出酒的酿造时间。

培亚特是通过测量酒中离子的大小和数量而得出结论的。他用投射激光束穿透盛酒的试管，酒中离子散射的强弱和方向便在图像上显示出来。由于各种酒各有不同的漂浮离子，因而图像上构成独特的曲线。含有大离子的酒散射出大量的光并呈现出升降急剧的曲线，这种酒的味道是低劣的。好味道的酒显示出的曲线是平滑的，即酒中所含离子的大小是均匀的，因而酒味亦特别醇。

不可思议——激光戒烟

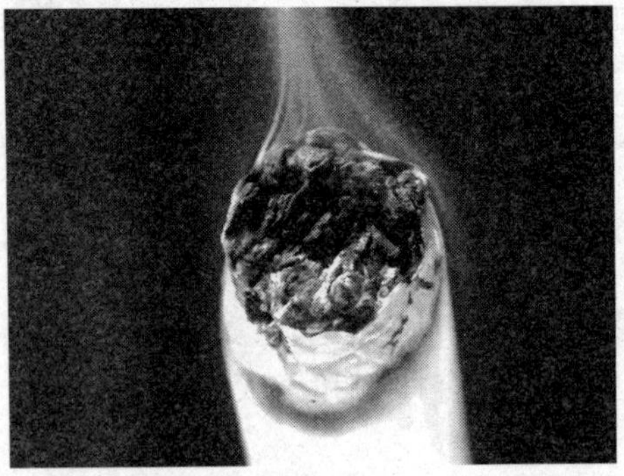

◆烟瘾真的那么难以戒掉吗?

国外医学家利用激光，对吸烟者进行耳穴照射，就能够永久性地戒掉他们中的大多数人的烟瘾。这种激光戒烟术，依据的是我国传统的针刺疗法理论，现已获得80%的成功率，新加坡的两位医学家花了8个月的时间完成了这一试验。他们自信是世界上第一批通过激光照射吸烟者的外耳部位，成功地改变人们吸烟嗜好的医生。在新加坡一家诊所接受治疗的40名吸烟者中，只有6人没能改掉他们的吸烟嗜好。现已有2000多人到诊所登记，要求治疗。

万花筒

为什么会有烟瘾?

吸烟给人带来一种十分强烈的刺激，即产生自身的吗啡激素。一旦停止吸烟后，吗啡激素含量指数降得太低，人往往就会烦躁不安。激光戒烟就是通过控制人体内吗啡激素的含量，使人们在戒烟时神经放松，而不至于情绪太坏。

激光戒烟不仅没有痛觉，而且没有任何感觉，既安全，又迅速。他们所用的仪器是一架标准的低功率激光发生器，以及一些物理医疗设备，吸烟者必须接受为期3周的治疗，每周1次，每次20秒。治疗者所需要的首先是决心，其次是每次治疗所需支付的1新加坡元，也就合70美分，费用非常低廉。

拔出肉中刺——激光去刺

近年来，人们利用激光进行材料加工，开发了许多有趣的应用。在许多情况下，工业界利用激光来进行切割、标记、焊接、清洗和其他处理。而在食品工业，激光被用来标记食品、切割马铃薯和奶酪，以及清洗花生；除此之外，激光在食品加工业并没有太大作为。最近，人们开发了一项新的激光应用，以解决一个紧要问题——为仙人掌除刺。

◆给仙人掌去刺

知 识 窗

梨果仙人掌

梨果仙人掌主要产于墨西哥，产品历史久远，它的生产和销售遍及许多国家。该植物营养丰富，有益健康，且具有药用价值。在灰绿色、椭圆形的叶茎上分布着许多侧壁孔，该孔处覆盖着长达3cm的刺，刺的旁边还有一些倒刺毛。它们长出红色、味甘的果实——梨果，梨果上也有许多刺。

仙人掌被依次排列放置在传送带上，传输至激光扫描的区域。利用两个激光器进行加工，这样就可以同时对仙人掌的两面进行加工。光束通过平移的反射镜被传送到仙人掌表面，这样，激光就在与传送方向垂直的方向，对产品表面进行扫描。开始时，激光运行在能量较低的模式（约300mJ）以探测刺的存在。当激光探测到刺的存在后，由于强烈的光吸收就产生了一个典型的声信号。当该声信号产生后，声音探测器发出指令，指示系统提高能量以便将刺完全去除。接着，大能量脉冲（约1J）被用于加工，直到刺消失为止，随后声信号也下降。探测器告知系统恢复到探测模式。整个加工在传送带输送仙人掌的过程中完成。

广角镜：激光挑选完美健康精子

英国科学家率先找到一种用含有激光束的拉曼光谱检查精子的方法。该技术被应用于发现完美无缺的健康精子，确保试管受精有更大的成功率。

◆用含有激光束的拉曼光谱检查精子

科学家用拉曼光谱照射精子头部的23个染色体。受损DNA反射出的光不同于完整DNA的，所以科学家通过检测这种反射回来的光，就能确定哪个DNA最有可能生成一个健康的人类胚胎，至少理论上是这样。科学家们并没有把得到拉曼光谱鉴定的精子注射进卵中，而是检查了胚胎数量或它们的健康状况。在该技术被用于创造人类生命前，科学家还要进行更多试验。与此同时，它还有必要得到政府的批准。

拓展思考

1. 什么是激光保鲜？如何利用激光来保鲜？
2. 人为什么会有烟瘾？如何利用激光戒烟？
3. 怎样利用激光来除刺？
4. 激光如何挑选精子？

制胜奇兵

——激光的医学与军事应用

回顾医学科学的每一步进展，无不是由于各时期的新兴的科学新技术的介入。医学科学进展的标志之一是科学新技术与医学科学相结合衍生出新的边缘学科，当代一个最重大的科技新成就激光技术，不仅为研究生命科学和研究疾病的发生发展开辟了新的研究途径，而且为临床诊治疾病提供了崭新的手段，现在已经形成了又一门新兴的边缘医学科学——激光医学。

然而，激光一旦与军事结合，就可以生产出令人畏惧的激光武器，它拥有强大的杀伤力，在和平时代，我们希望激光武器只是用在保卫国家而不是侵略战争中。

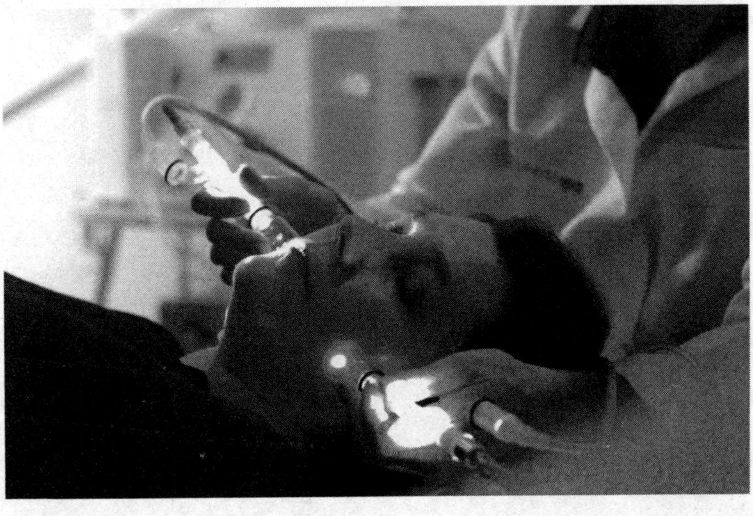

祛除瑕疵——激光美容

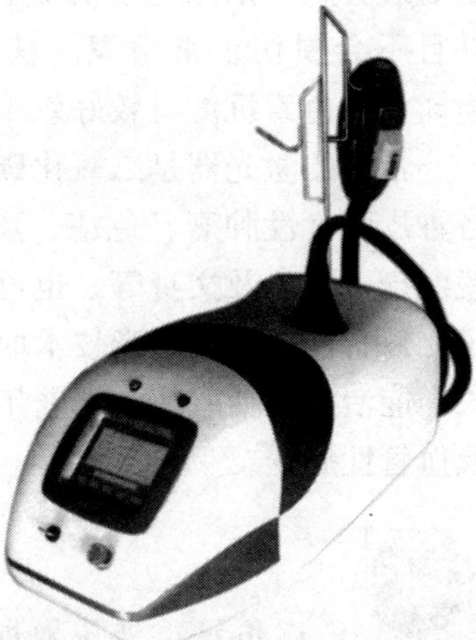
◆激光美容仪器成为美容界的新宠

1963年，人们开始将红宝石激光应用于良性皮肤损害和纹身治疗并取得成功，开创了激光医学应用的先河。20世纪80年代，相续出现了铒激光、准分子激光，以及不断完善的CO_2激光和脉冲染料激光，激光新技术已经比较成熟地用于研究、诊治疾病和皮肤美容治疗，并且已经形成一支庞大的专业化队伍，这是激光医学学科形成的重要标志之一。用适量的激光照射使皮肤变得细嫩、光滑，如治疗痤疮、黑痣、老年斑等。由于激光美容无痛苦且安全可靠，受到人们欢迎。发展至今，激光美容已经在整个激光治疗中独占鳌头，其前景不断看好。现代激光美容已成为当代医学美容中最具有魅力和远大前途的部分。

返老还童——光子嫩肤术

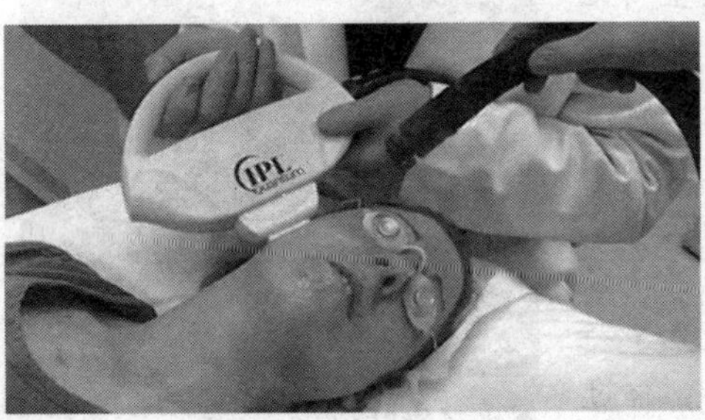
◆正在进行光子嫩肤

光子嫩肤祛痘痕的原理主要有两种；生物刺激作用和光热解原理。生物刺激作用是强脉冲光（IPL）作用在皮肤上产生的光化学反应，主要是让真皮层的胶原、弹力纤维的内部分子结构发生化学变化，恢复弹性。另外，强脉冲光产生的光热作用，能够增强血管功能，改善循环，缩小毛孔，消除浅表皱纹。光热解原理：痘印部位的色素沉淀在吸收光后温度高于周围皮肤，利用这个温差来让色素破裂分解，消除色素沉淀，并且不会损伤正常组织。祛痘印消除色素沉淀有较好效果。

爱美的朋友如果要去做激光美容，一定要选择正规的机构，不能贪图便宜去一些’小作坊”！

常用的激光器是二氧化碳激光，能切割、气化和烧灼病损部位。用于各种皮肤良性肿瘤、色痣、皮赘、老年疣、扁平疣、寻常疣、丝状疣、尖锐湿疣、腋臭及文身等，也可用于皮肤癌瘤。另外，新兴的美肤激光采用了钇钕石榴石固体激光技术取代了传统的染料激光器，能产生多种激光波长，能治疗包括胎痣、黑老年斑、雀斑、文身、鲜红斑痣以及各种红斑痣及血管性病变。

广角镜：光子嫩肤和脱毛的故事

光子嫩肤是近几年发展起来的一种美容性治疗的技术，可以说是脱毛治疗的孪生兄弟。在脱毛的过程中，发现经过反复的脱毛治疗后，皮肤会变得相对光滑而靓丽起来。首先发现这个有趣现象的是美国的皮肤科激光医生。其中有一位旧金山的著名的皮肤激光治疗医生叫比特，他对此现象非常感兴趣，并进行了大量的研究。结果发现，脱毛治疗后的这种使皮肤年轻化的现象并不是偶然现象，而是皮肤结构真的由于激光的照射发生了质的变化从而显得年轻起来，并发现激光并不是最理想的光源，强光才是最合适的光源。于是，发明并诞生了一种利用脉冲强光来治疗皮肤老化的方法，经过多次照射后，皮肤结构就改变了：皮肤的弹性

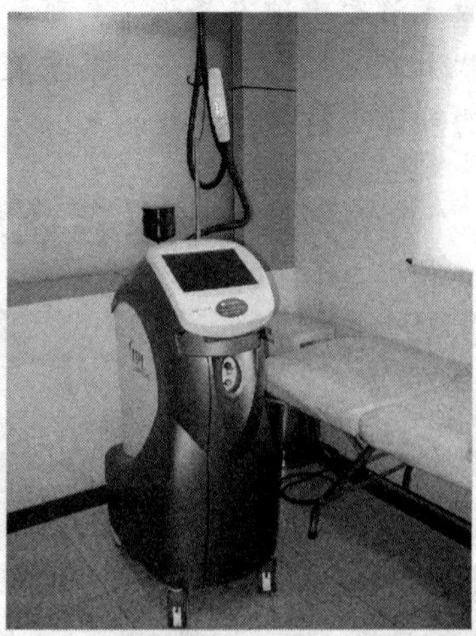

◆光子嫩肤仪

增强，色素斑消失，皱纹也逐渐消退。综合的结果是使皮肤年轻而漂亮了。所以，当这一治疗技术开始应用以后，立刻受到好莱坞电影明星们的青睐，她们纷纷从洛杉矶飞往旧金山比特医生的诊所来接受这种神奇的治疗。

激光美容去黑痣

激光去黑痣的原理是将激光在瞬间发射出的巨大能量置于色素组织中，把色素打碎并分解，使其可以被巨噬细胞吞并掉，而后会随着淋巴循环系统排出体外，由此达到将色素去掉的目的。刚刚用激光去除黑痣后，局部会有一个痂，所以应该注意避免局部感染。头两天尽量不要接触水，以后可以洗脸，但洗后应立刻擦干净，同时注意避免日晒。一般在一周后表面的痂会自然脱落，不要自己将痂去除，否则容易留下瘢痕。季节最好是选择春秋，夏天天气热，容易出汗，伤口比较容易感染。

◆激光美容可以祛除黑痣

讲解：激光美容后需注意什么？

◆激光手术后要避免食用感光性蔬菜

激光治疗后，因为皮肤比较细嫩，要预防日晒。外出要涂防晒霜，严禁使用阿司匹林和酒精，切不可挤、压、碰、磨擦治疗部位。治疗期间禁食感光性食品和感光性药品。治疗后因为皮肤的吸收能力增强，新陈代谢加快，部分患者可能出现皮肤干燥缺水的情况，所以术后须通过皮肤护理来补充足够的水分和营养。治疗后请认真阅读并遵守治疗后须知及医生的医嘱，发现任何不放心的情况请及时与治疗医师取得联系，医师将会指导你进行正确的护理和治疗。

拓展思考

1. 激光美容用的激光为什么不会对皮肤造成伤害？
2. 光子嫩肤的原理是什么？
3. 为什么可以利用激光来祛除黑痣，同时又不损害周围的皮肤？
4. 激光美容后应该注意什么？

恢复光明——激光眼科

眼睛是一个不可思议的器官，它让我们可以看见并且感受到这个物质世界。但是近些年来，由于学习负荷重和不注意用眼卫生等原因，中小学生患近视眼的人越来越多，并呈现出低龄化的趋势，一些十来岁的人就成了戴眼镜一族，小学生近视眼的发生率约为20%～25%，中学生高达50%～60%，青少年近视的防治越来越为学生、家长及社会所关注。激光的发明，将使人们模糊的视力逐渐变得清晰。

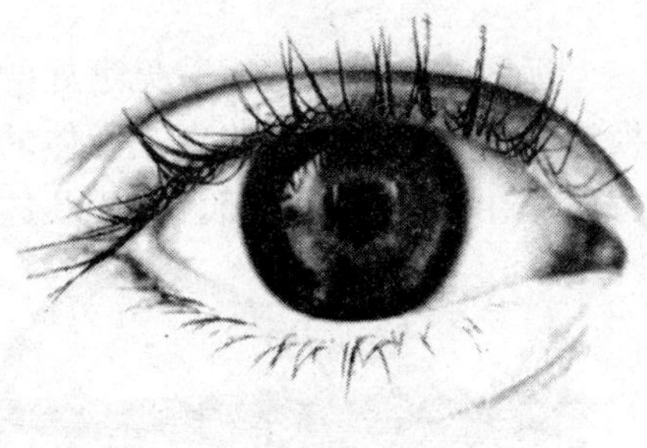

◆眼睛是心灵的窗户

是谁模糊了我的眼？

近视并非受病菌或病毒感染造成，而是视光学上称为屈光不正的一种状态。凡光线进入眼睛，经眼球各部分弯曲与折射，在视网膜上形成影像，这个过程称为屈光。能够正常屈光准确对焦的眼睛，没有半点近视，视光学中的专有名词称为正视眼。

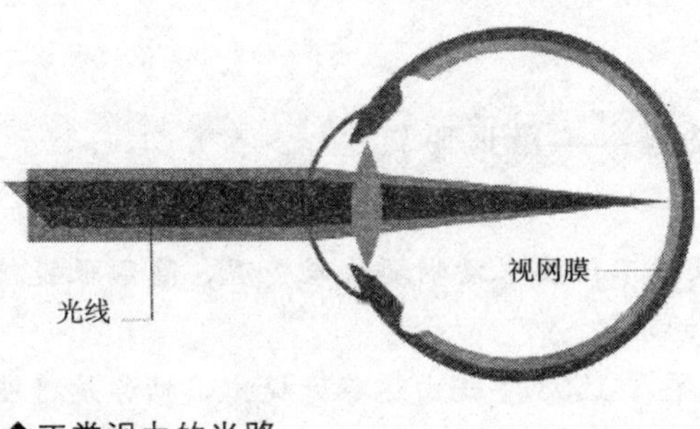

◆正常视力的光路

正常的眼睛看东西时，景物反射的光线进入眼睛，经屈折后，聚焦在视网膜上，形成清晰影像。近视患者的眼睛，因眼球过长，远方的光线只能聚焦在视网膜前，所以远距离的影像便变得模糊，如同照相机没有正确对焦一样。但为何会造成眼球过长产生近视呢？主要原因是看近过久和看得太近。

儿童发育时期尤其容易产生近视，基本上要发育至成人阶段，近视度数才会稳定下来。

远视的人能清楚地看见远处的影像，但是对近距离的物体视觉则比较模糊。这是由于角膜或者晶状体的故障造成的。角膜聚焦图像在视网膜后方而非在视网膜的表面。加用凸透镜后可使图像聚焦于视网膜。

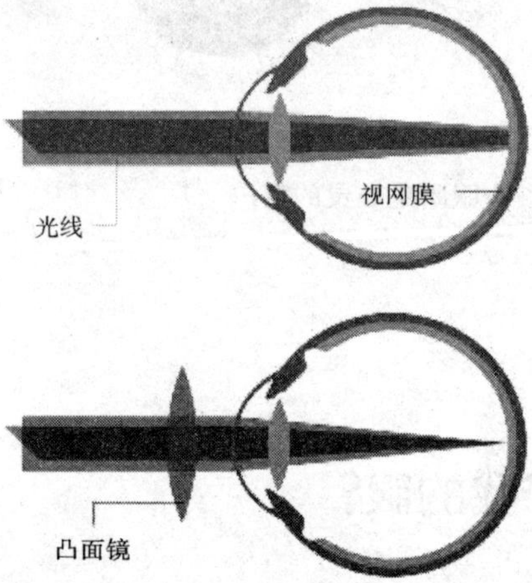

◆远视的人用凸透镜后使图像聚焦于视网膜

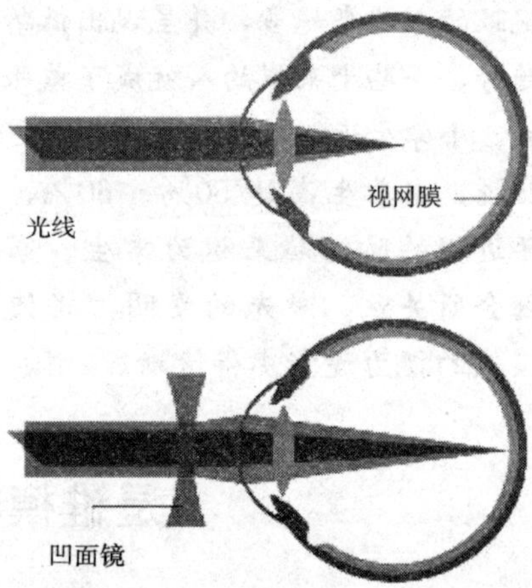

◆近视的人用凹透镜后使图像聚焦于视网膜

广角镜：爱美人士的选择——隐形眼镜

随着生活水平的提高，人们戴眼镜不仅要求清晰还要求美观，隐形眼镜就应运而生，代替了厚重的架在鼻梁上的眼镜。

把镜片直接放在眼睛里的想法，早在1508年就由达芬奇提出，据称是将玻璃罐盛满水置于角膜前，以玻璃的表面替代角膜的光学功能。1971年，美国博士伦公司首先在美国生产和销售软性隐形眼镜。隐形眼镜相比框架眼镜有不少优点，隐形眼镜并没有镜框的阻碍，重量很轻，对配戴者的外观并无影响，对爱美的人士，尤其是女性甚为适合。

◆隐形眼镜成为爱美人士的选择

近视眼的福星——准分子激光治疗

准分子激光治疗近视眼病是从 20 世纪 80 年代初开始的，约十年后传入中国。这项新技术发展得非常快，它不仅能治疗高度近视，还能治疗远视。但是，现在仍有许多人对它产生怀疑，怕它将眼睛“烤焦”、“烧坏”。其实，准分子激光属于冷激光，无热效应，是方向性强、波长纯度高、输出功率大的脉冲激光，光子能量波长范围为 157～353nm，寿命为几十毫微秒，属于紫外光。最常见的波长有 157nm、193nm、248nm、308nm、351～353nm。它治疗近视的安全性就来自于它是冷激光，不会灼烧眼睛，波长特性说明不会穿透眼角膜。

虽然隐形眼镜使用很方便，但它毕竟没有从根本上解决问题。近二十年以来，随着科学技术的不断发展，眼科领域相继发明了一系列近视

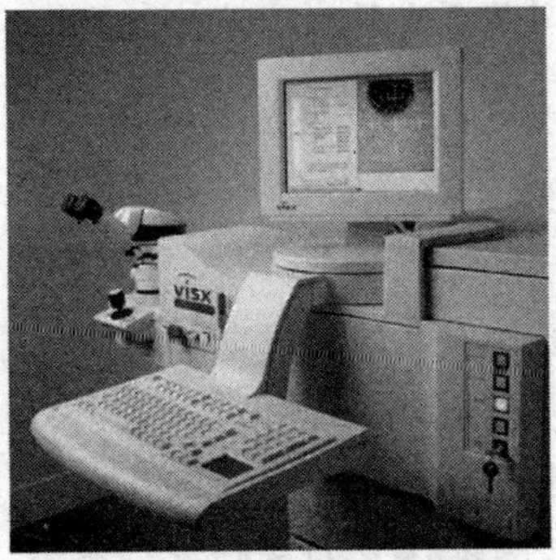

◆准分子激光治疗仪

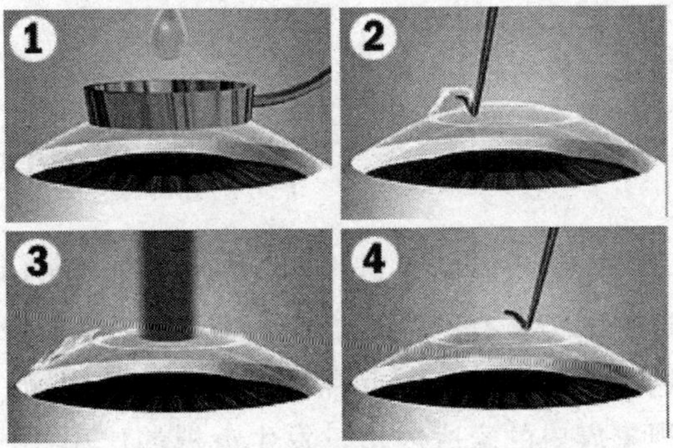

◆准分子激光手术示意图

矫正手术，使手术后的近视患者不用配戴眼镜也同样能达到戴眼镜时的视力效果，尤其是最近几年开展的准分子激光近视矫正手术（LASK或PRK），进一步提高了手术的准确性和安全性，目前全世界范围内已至少为数十万名近视患者摘掉了眼镜。

广角镜：近视眼激光术四种人不宜

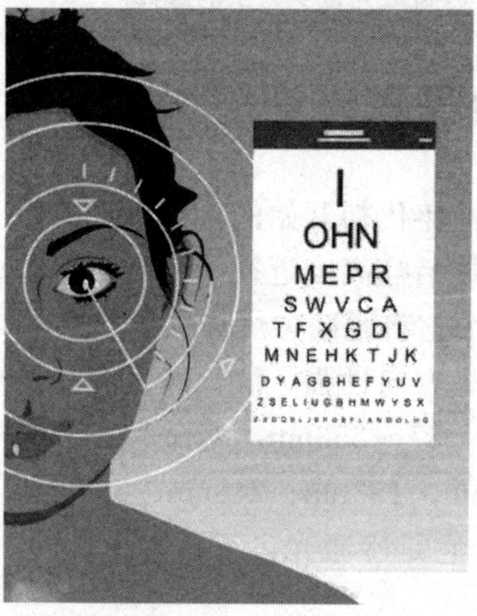

◆近视眼激光治疗要因人而异

十八岁以下不宜做手术，手术要求患者的屈光状态是稳定的。屈光状态包括近视、远视、散光等屈光不正的现象。由于18周岁以下的青年正处于身体生长期，眼睛屈光度不稳定，若盲目接受手术，一两年后视力极有可能回退。最佳手术的年龄是25岁至30岁。

先天眼病者不能手术。激光近视手术要求角膜有一定厚度，这个厚度因人而异，有些人先天不足就不能做激光手术。

老花眼也不宜做手术。老花是因年龄增长调节力衰减所致，即使暂时治愈，也会因年龄增大而复发。

从事水上运动的人也不宜做手术。因此，准分子激光治疗近视手术必须具备以下几个方面的条件：一是年龄在18岁到50周岁之间；二是近视度数要稳定两年以上；三是无其他严重眼病及眼科手术史；四是无糖尿病、胶原性疾病以及疤痕性体质。

从小爱护你的眼睛

有的人眼睛是近视，父母也是；有的父母并不是近视，自己却戴上了近视眼镜。有的人在选择配偶时，也担心爱人是近视，是否会连累孩子。这就是人们关心的近视是否会遗传的问题。从眼病的调查结果分析，有近视家族史的家庭成员，发生近视的比率比没有近视家族史的要高些，说明近视的发病与遗传有一定关系。但近视的发生又受后天环境因素的影响，所以，目前学者们都认为，近视属于多基因遗传，即病人有多个致病基因，但又有环境因素的作用。环境因素包括照明不佳，不良的阅读和工作习惯，如长时间阅读和近距离工作，眼的调节肌肉处于持续的紧张收缩状态，进而调节能力减弱，而发生近视。但同样的条件下，并不是所有的人都发生近视，而某些近视患者也并非做近距离工作，或很少阅读书报。可见，近视是遗传和环境共同作用的结果。

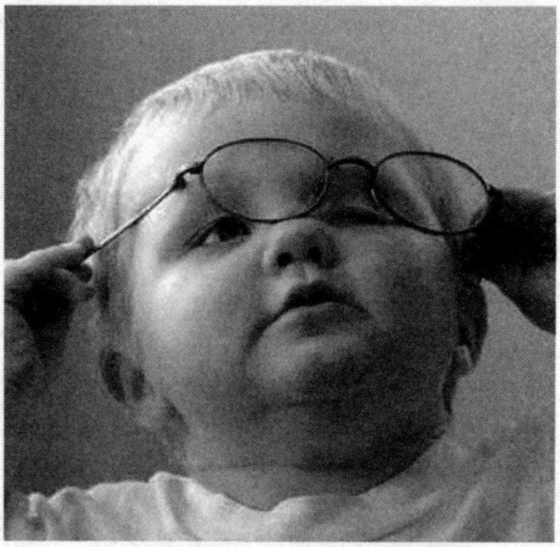

◆近视是遗传和环境共同作用的结果

广角镜：眼睛保护从现在开始

切忌“目不转睛”，自行注意繁密并完整的眨眼动作，经常眨眼可减少眼球暴露于空气中的时间，减少泪液蒸发。

多吃各种水果，特别是柑橘类水果，还应多吃绿色蔬菜、谷类、鱼和鸡蛋。多喝水对减轻眼睛干燥也有帮助。

避免长时间连续操作电脑，注意中间休息，通常连续操作1小时，休息5～10分钟。休息时可以看远处或做眼保健操。

◆避免长时间连续操作电脑

◆保持良好的工作姿势

保持良好的、适当的工作姿势，使双眼平视或稍微向下注视荧光屏，这样可使颈部肌肉放松，并使眼球暴露于空气中的面积减到最小。

拓展思考

1. 为什么人的眼睛会出现近视？它的机理是什么？
2. 你近视吗？你带过眼镜吗？它是凸透镜还是凹透镜？
3. 激光手术为什么不会损害眼睛？
4. 哪四种人不适合进行近视眼的激光手术？

最锋利的手术刀
——激光手术刀

激光的发明始于20世纪60年代，它是当时具有代表性的科技成果之一。激光的出现标志着人类对光的利用进入了一个新的阶段。于是，激光很快在工农业、国防、医学及医学工程学等领域得到广泛应用，并为这些领域的新技术的开发提供了强有力的支持。下面让我们一起去外科手术室，领略一下锋利的外科激光手术刀！

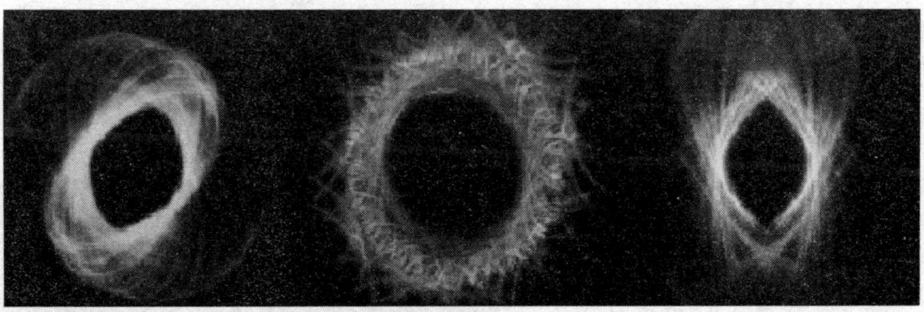

◆美丽的激光

发光的手术刀——激光

脑外科是所有外科手术中技术难度最大的手术之一，因为脑部密集的血管会出血不止，导致病人失血过多而死亡，所以脑外科手术需要精确度在毫米以下的手术刀。20世纪70年代，被称为20世纪最伟大的技术——激光开始广泛应用。年轻的脑外科医生泷泽利明，想到用这一技术研制激光手术刀。泷泽利明与一家街道小厂的工程师联手攻关，历经多次试验终于制成了世界上第一台激光手术刀。

工人师傅用喷枪吐出的火焰切割钢板时，从喷枪喷出的火焰把金属熔化和汽化，在材料上留下一条凹痕，如果让喷枪朝前移动，金属

◆激光手术刀研制人——泷泽利明

板便被切开。同样的道理，一束经过透镜聚焦的激光照射在皮肤上，激光的能量会立即把生物组织加热并且发生汽化，留下一条凹沟；当光束移动时，随着光束延伸，把生物组织切开，如同是用金属刀子切开组织一样。在外科临床医疗中，“激光刀”体现出其独特的优点。有人称激光为“最锋利的手术刀”。

讲解：激光手术刀与传统手术刀比较

激光刀和普通金属手术刀相比，动手术时出血量比较少。这是因为激光刀在切开组织的同时，激光的能量也把周围的小血管加热凝固起来，把它们封住了。在作肝脏切除等复杂手术时，出血是危险性比较大的并发症，激光刀的这一优点就顺利地解决了这个难题。

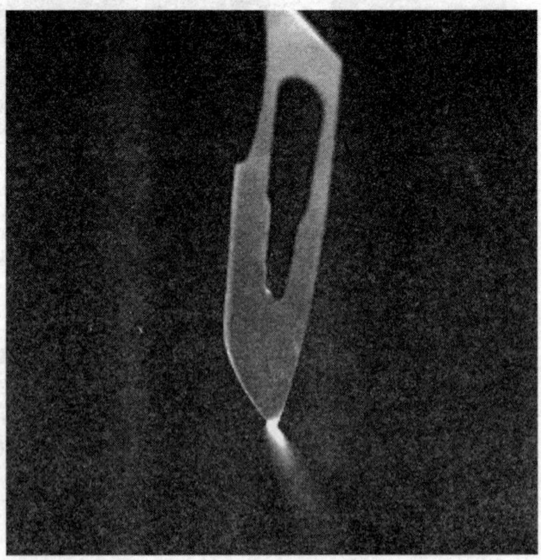

◆普通手术刀

用激光手术刀动手术时，可以不直接和组织接触，因而使用它时不必担心消毒的事。用普通手术刀就不一样，消毒不彻底会引起交叉感染。

用激光刀切软组织、硬组织（比如骨头），它都一样“锋利”，一样快捷。用普通手术刀遇到给软组织或者骨头动手术时，就会感到很吃力，动手术的时间也长。

激光手术刀是如何工作的?

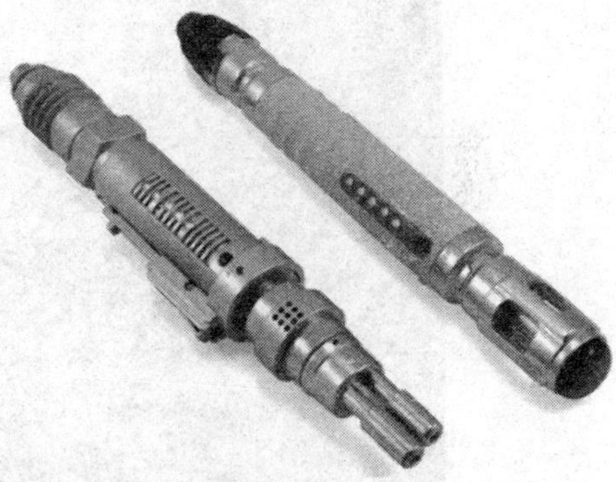

◆宝石刀头激光手术刀

利用激光能量高度集中的特点，把它作为外科手术上用的手术“刀”，有它的独到之处。常用的二氧化碳激光“刀”，刀刃就是激光束聚集起来的焦点，焦点可以小到 0.1 毫米，焦点上的功率密度达到每平方厘米 10 万瓦。这样的光“刀”所到之处，不管是皮肤、肌肉，还是骨头，都会迎刃而解。这种激光器能够辐射出波长为 10.6 微米的激光束，而人体组织中的水几乎能全部吸收这种波长的激光。激光被人体组织表层吸收后，光能迅速转变为热能。热能最终能使表层组织里的水蒸发汽化，患病组织也因脱水、汽化、凝固被破坏，不会流血，并达到治疗的目的。激光进入组织的深度仅仅 0.5 到 1 毫米，不会留下伤疤，保护了许多人爱美的心情。

原 理 介 绍

波长与激光封闭血管的关系

科学家发现激光封闭血管作用的大小与激光的波长有关。钇铝石榴石激光器输出激光波长为 1.06 微米，凝血效果好；而用输出激光波长为 10.6 微米的二氧化碳激光器，效果就不太理想。氩离子激光器发射的蓝绿激光，凝血效果比 1.06 微米激光的还要好。但是，氩离子激光的功率不如钇铝石榴石激光的；所以，深入出血禁区的手术，一般都用波长 1.06 微米的激光。

那么，激光“刀”是什么样的呢？尽管它的“刀刃”只是直径为 0.1

毫米的一个小圆点，这把“刀”的刀体却相当大。二氧化碳激光“刀”一般来说，高近 2 米，长近 2 米，宽不到 1 米。钇铝石榴石激光“刀”要小一点，但也没有一点刀的样子。其实，它的主体是一台激光器，包括电源和控制台。激光器是固定的，要使激光束能按医生的意图传到病人身上做手术的部位，还须配置一套使光转弯的导光系统。

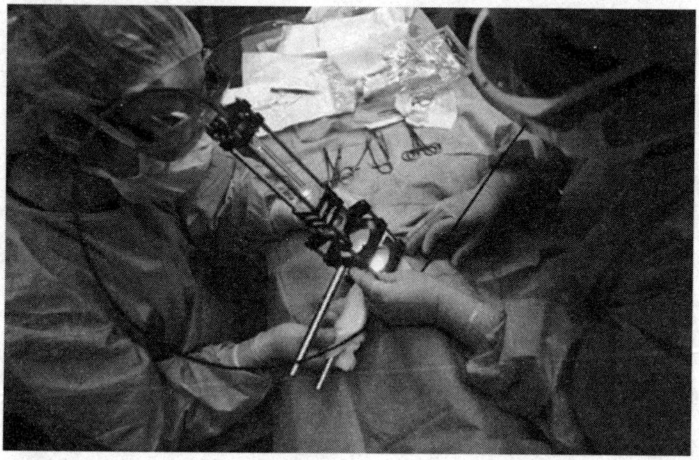

◆医生用光纤二氧化碳手术刀动手术

导光系统是激光“刀”的重要部分，它必须轻巧、灵活，让医生得心应手。二氧化碳激光“刀”，一般使用导光关节臂。它由好几节金属管子组成，节与节之间成直角，可以转动，有一点像关节，光学反射镜就装在关节的地方，激光束通过反射镜转弯。钇铝石榴石激光“刀”和氩离子激光“刀”除了用导光关节以外，还用到光导纤维。外面包上塑料套，再包上金属软管，比较柔软，可以自由弯曲。光在光导纤维中传导和电在电线里传导相似。用光导纤维就比导光关节臂灵活、轻巧得多了。

有了光导纤维以后，激光就可以钻到人的肚子里为人治病，这是手术刀甘拜下风的地方。

现在，凡是用手术刀做的手术，都能用激光“刀”来做。医生可以根据手术的要求选择一种更合适的方法。相

反，激光“刀”可以做一般手术刀无法做的手术。医生把它和胃镜配合起来，插到病人胃里，如发现胃溃疡出血，只要一开激光，立即能使出血点凝固止血，不用开膛破肚，就可以完成手术。

拓展思考

1. 是谁发明了激光手术刀？
2. 激光手术刀和普通手术刀有什么区别？
3. 激光手术刀是怎样工作的？
4. 激光手术刀有什么优点？

神奇的激光针灸
——怕痛孩子的福音

春秋战国时期，虢国太子突患“尸厥”，生命垂危。神医扁鹊应诏入宫，用针刺、用艾条熏灼太子身体的经络穴位进行救治。太子死而复生。神医扁鹊妙手回春，留下针灸治病救人的传奇佳话。当今我国的针灸疗法以疗效显著、操作简便、安全经济等特点而风行世界，越来越多的外国医生千里迢迢来到我国学习这古老而神秘的医术。但是你们知道还有激光针灸吗？来吧，让我们一起领略这根医学中的“神针”。

◆神医扁鹊

传统的针灸方法

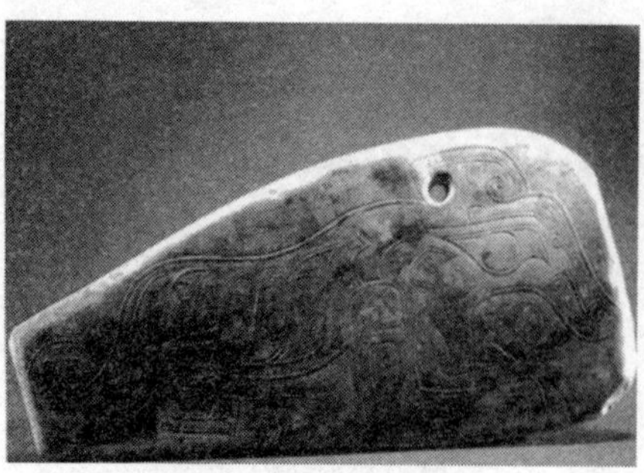

◆内蒙古出土的砭石

在原始社会，人们为了生存往往要与大自然作斗争，常常在较为恶劣的环境中干活。因而会被尖石、树枝、荆棘等划破、撞伤皮肤，甚至会流血；但偶然也有在碰伤或流血之后，却使原有的疾病减轻或消失了。经过反复多次重现后，人们逐渐认识到刺激人体的某一部位或使之流血，可以治疗部分疾病。于是经过长期的认识实践与积累，就产生了用砭石治病的方法。

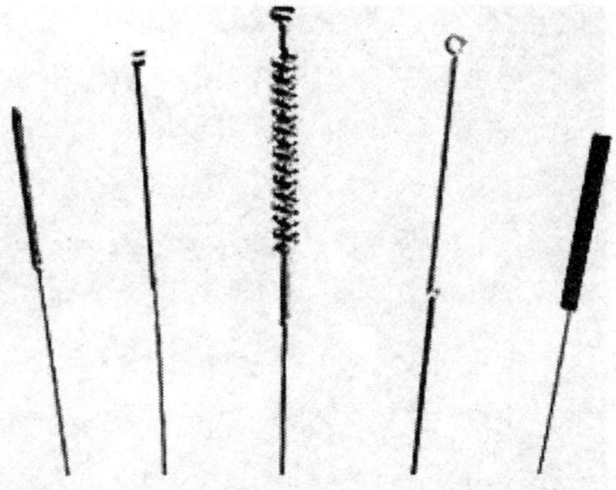
◆砭石发展至今成为了针灸针

传统的针刺疗法起源于砭石。砭石是一种锐利的石块，主要被用来切割痈肿、排脓放血和用它刺激人体的穴位，从而达到治病的目的，可以说是最早的医疗工具，对此我国的古书中也有记载，如《内经》和《说文解字》中说明了砭石是通过刺人体来治病的。

◆如图为艾绒

对人体的某一部位进行温热刺激，以达到治病的目的，这种方法称为灸法。灸法产生于古人用火取暖。人们在烤火中祛除了寒凉，得到了温暖，同时体会到原有的疾病或疼痛却因此而减轻或消失，于是就用兽皮或树皮等包上烧热的石块、砂土等，贴敷在身体的某一部位以局部取暖，解除一些病痛。这就是原始的热熨法。人们又逐步改善这种热熨法，采用一些干草等作燃料，在局部进行温热刺激来治病，这就形成了灸法。后来灸所用的燃料发展到木炭灸、竹筷灸、艾灸、硫磺灸、雄黄灸、灯草灸等，其中最常用的是艾灸。

医学奇葩——激光针灸

针灸是我国发明的医疗技术，用一根银针刺激人体的一些穴位，可以治疗许多疾病。激光器发明之后，人们发现用聚焦成直径0.5毫米左右的激光束照射人体的穴位，有和采用银针刺激穴位相同的效果。于是便把这

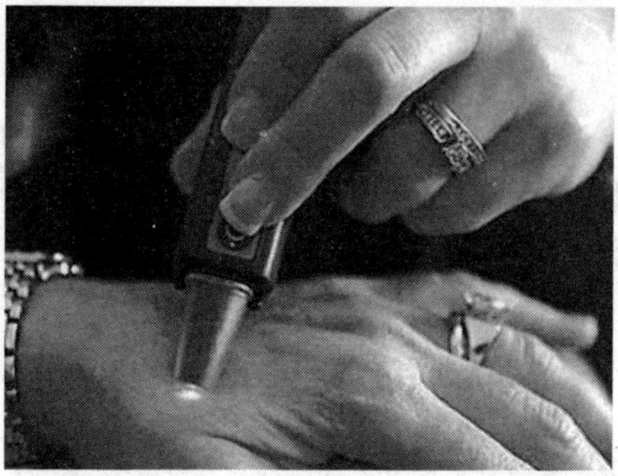

◆激光针灸

种场合使用的激光束叫做“激光针灸”。光灸又称激光穴位照射、激光针、光针等，是以激光为能量，通过低功率激光束直接刺激穴区表面或深部，从而治病的灸疗法，是当代科学技术与古老的传统针灸学的结合。

从已有的实践看，它具有下列特点：无痛：低能量激光是用微细的光束照射穴位，且轻微柔和，易于接受。无菌：激光束照射穴位只触及体表，激光束本身不但不会将细菌带入而且还有直接或间接灭菌的作用。无损伤：激光束只是照射穴位，不会对体表造成损害。相反，在皮肤破损，溃疡和粘膜部位，用激光束，反而有一定的治疗作用，可消炎止痛，促进炎症消退和溃疡愈合。治疗作用范围更广：激光是光能，激光作穴位刺激时，既能穿透皮表，具有针刺的特点；又可使局部穴位的温度提高，即光能转化为热能，兼具针灸和温灸的作用，应用更为广泛。

广角镜：红外激光针灸

红外激光针灸是以半导体激光器为核心，利用中医针灸学穴位医学原理，使其在不接触人体皮肤状态下，通过红外激光聚焦能量，刺激人体皮下针灸穴位，从而达到保健治疗效果。传统理疗红外线治疗作用的基础是温热效应，其照射面积较大，无重点突出。红外激光针灸是以照射穴位点为目标。在红外激光照射下，毛细

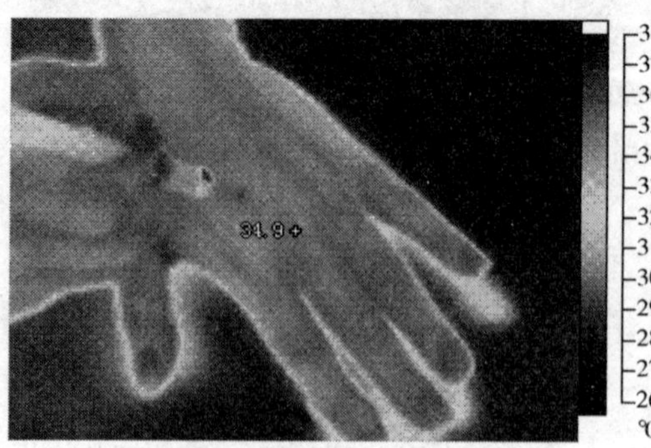

◆红外激光针灸

血管逐渐扩张，血流加快，物质代谢增强，组织细胞活力及再生能力提高。

拓展思考

1. 什么是针灸？你接受过针灸吗？
2. 激光针灸和普通针灸有什么区别？
3. 红外激光针灸的原理是什么？
4. 你知道传统的中医疗法还有哪些吗？举出几个例子来。

癌症患者福音
——激光光动力疗法

◆癌症成为人类健康的“头号杀手”

21世纪，人类的一个“心腹大患”——癌症，已悄悄取代了传染病和营养性疾病的地位，成为人类健康的“头号杀手”。据统计，1991年到2000年间，全球癌症发病及死亡人数均增加了22%。2000年，全球新发癌症人数超过1000万。世界卫生组织预测，到2020年，每年新发癌症病人数将达到1500万，癌症将成为新世纪人类的第一杀手。对于神奇的激光而言，治疗顽症怎么可以少掉它呢。在本专题中，将介绍一种治疗癌症的新方法——激光光动力疗法。

什么是光动力效应?

光动力疗法的作用基础是光动力效应。这是一种有氧分子参与的伴随生物效应的光敏化反应。其过程是，特定波长的激光照射使生物组织吸收的光敏剂受到激发，而激发态的光敏剂又把能量传递给周围的氧，生成活性很强的单态氧，单态氧和相邻的生物大分子发

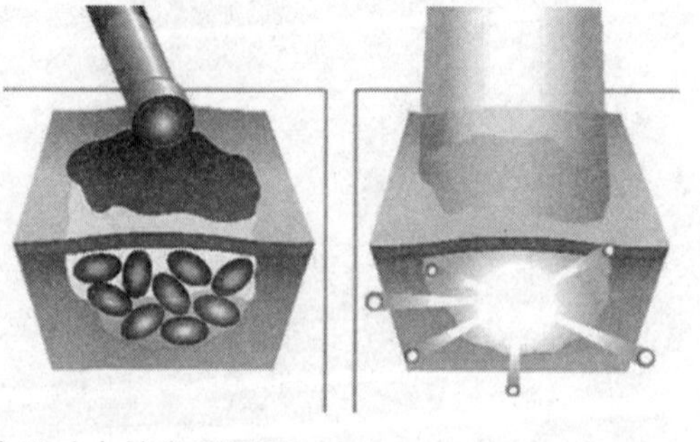

◆光动力效应原理图

生氧化反应，产生细胞毒性作用，进而导致细胞受损乃至死亡。

光动力治疗分两步来完成。首先，是给患者注射光敏剂。然后，是对病灶区进行激光照射。目前临床上常用的光敏剂是 PHOTOFRIN，患者注射后通常需等待 40 至 50 小时才进行激光照射。这是因为此时病变组织中的光敏剂浓度仍保持在较高水平，而周边正常组织中的光敏剂浓度已降到低水平。选择这个时机照光，既可有效杀伤病变组织，又可减少对周边正常组织的损伤，争取获得最佳的选择性杀伤效果。

知识窗

什么是光敏剂

在光化学反应中，有一类分子，它们只吸收光子并将能量传递给那些不能吸收光子的分子，促使其发生化学反应，而本身则不参与化学反应，恢复到原先的状态，这类分子称为光敏剂。光敏剂引发的光化学反应称为光敏反应。

光动力治疗癌症的优势

与手术、化疗、放疗等常规治疗手段相比，光动力疗法具有许多重要优点。首先，借助光纤、内窥镜和其他介入技术，可将激光引导到体内深部进行治疗，避免了开胸、开腹等手术造成的创伤和痛苦。其次，进入组织的光动力药物，只有达到一定浓度并受到足量光辐照，才会引发光毒反应杀伤肿瘤细胞，是一种局部治疗的方法。人体未受到光辐照的部分，并不产生这种反应，人体其他部位的器官和组织都不受损伤，也不影响造血功能，因此光动力疗法的毒副作

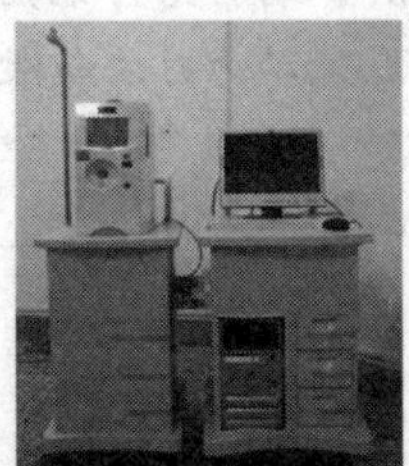

激光光动力治疗仪

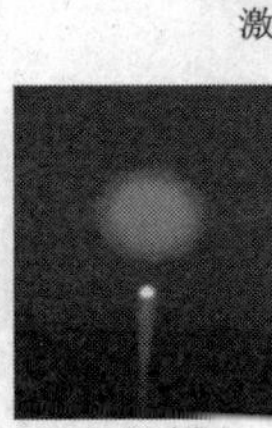

微透镜光纤

弥散端光纤

◆激光光动力治疗仪

用是很低微的。最后，癌细胞对光敏药物无耐药性，病人也不会因多次光动力治疗而增加毒性反应，所以可以重复治疗。

想一想：光动力疗法与激光手术有何不同？

光动力治疗中的激光照射，只起激活光敏剂的作用，能量无需太集中，不会造成照射区的明显温升，更不会造成组织的热损伤。而通常的激光手术，则是利用高能激光束所产生的局部高温，来切割、汽化或凝固病变组织，所以光动力疗法和传统的激光手术有本质的区别，光动力治疗是一种光化学反应诱导的生物化学作用过程，而激光手术是一种单纯的物理作用过程。

拓展思考

1. 什么是癌症？癌症为什么很可怕？
2. 什么是光动力效应？
3. 光动力治疗癌症的优势在哪里？
4. 光动力疗法与激光手术有何不同？

微观世界的神奇——光镊子

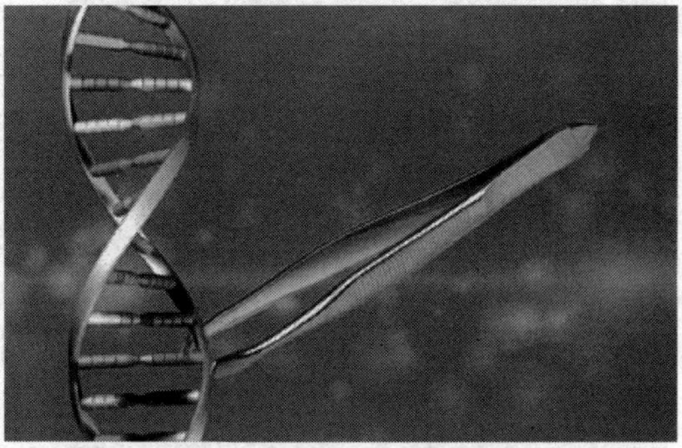
◆光镊子想象图

1960年，激光的发明使人们对光的利用进入到一个崭新的阶段。有了激光这种高亮度的新光源，光力可以被大大提升，并开始显示其强大的生命力。从那以后人们开始对光力及其相关应用进行了全面和深入的研究。英国《自然》杂志的文章《2020远景》中，激光技术被认为是未来10年里具有巨大前景的18个领域之一。美国斯坦福大学光子研究中心的托马斯·巴尔和罗彻斯特大学物理系的尼古拉斯·比格鲁共同撰文，预测到2020年，激光输出光斑将小到1纳米，激光输出脉冲将比它通过一个原子所需时间还短。这意味着高精度、高准确性的激光微操控变得更加现实。

什么是光镊子?

“光镊子”不是一个实体，是一种技术，它是靠激光来操作的。我们知道，激光有强度高、单色性好等优点。20多年前，人们发现，当一束激光在物质中传播时，如果一些光线不平行，而是逐渐聚拢或逐渐散开，就会对物质产生一种“梯度力”的作用。另外，我们还知道，光从一种物质进到另一种物质的过程中会发生折射现象。如果在某种液体中放一个用聚苯乙烯制成的直径小于1微米的小球，那么光从溶液进入小球时就会发生折射，而且折射角小于入射角。让一束经过聚焦透镜的激光穿

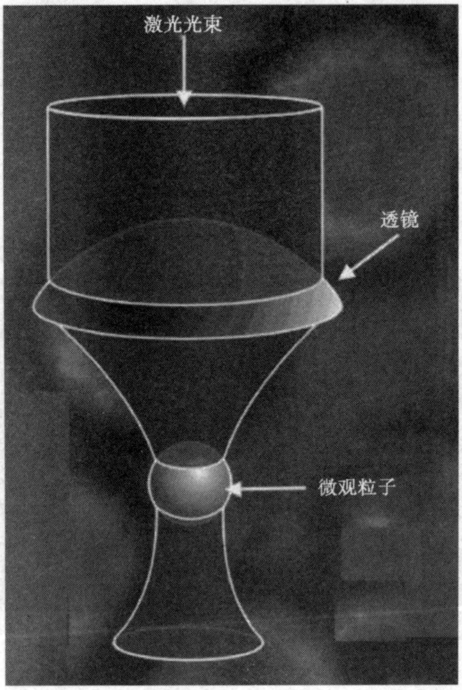

◆光镊子原理图

过溶液进入小球，这束光先在小球内会聚，然后又分散射出小球。在光聚拢和散开时都有梯度力作用在小球上。只要小球的球心偏离透镜焦点，小球受到的总的梯度力便不等于零，并且总是指向焦点。这样，小球便会向透镜焦点移动，激光就通过梯度力牢牢地“夹”住了小球。人们设法把小球粘在要研究的生物分子上，用“光镊子”“夹”住小球，同时也就带动了生物分子，从而对其进行研究。

前景广阔的光镊子

利用光力驱动星际航行也许还需耐心等待，但是利用它来移动极为微小的物体，在今天的科学研究中则已经是家常便饭了。美国现任能源部部长、前劳伦斯国家实验室主任朱棣文在已 1985 年前后与同事们在贝尔实验室发明了用激光冷却和囚禁原子的方法。他们利用的就是光力的原理，他们的这

◆阿瑟·阿斯金（右）在做实验

一成果后来获得了1997年的诺贝尔物理学奖。

在同一时期，人们也开始探索光对生物颗粒和半导体粒子的动力学效应。1986年贝尔实验室的科学家阿瑟·阿斯金成功地利用一束强汇聚激光束实现了对介电微粒的三维捕获。这一发明被形象地称为光学“镊子”，成了这一尺度范围的粒子特有的操控和研究手段。

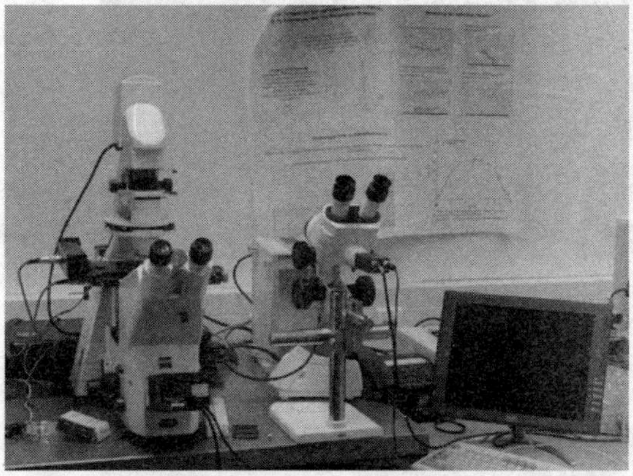

◆光镊子操作仪

“光镊子”有多种用途。开始，物理学是用它来操作电介质微粒，甚至单个原子，以便研究它们的性质，如今，“光镊子”又被生物学家所看好，在跨世纪新兴学科领域里大显身手。科学家已经做到用“光镊子”按住一个细胞，用一把“激光刀”把细胞膜切开，再用另一把“光镊子”把其他细胞的细胞器放入这个细胞内，以达到人为改变这个细胞的生物特性的目的。也有人用“双镊子”技术精确地测量单个肌肉蛋白分子“走动”的“步长”，以及它能够产生的作用力的大小，这为研究动物肌肉活动的机理打下了基础。“光镊子”已成为细胞生物学中一种重要的实验“工具”，它的应用前景将会越来越广。

广角镜：乘着星光去旅行

光学动力（简称“光力”）所产生的现象早就被人们所注意到。当彗星从遥远的太阳系边缘运行到接近太阳的位置时，彗尾会出现。彗尾就产生于光子对彗星物质的撞击。

光力通常非常微弱，典型的光力大小在“皮牛”量级，大约相当于我们手提一公斤苹果感受到的重量的十亿分之一。但这并没有影响到人们幻想以光为动力进行旅行。近些年来，美国、德国和日本都曾尝试向近地轨道发射“太阳帆”卫

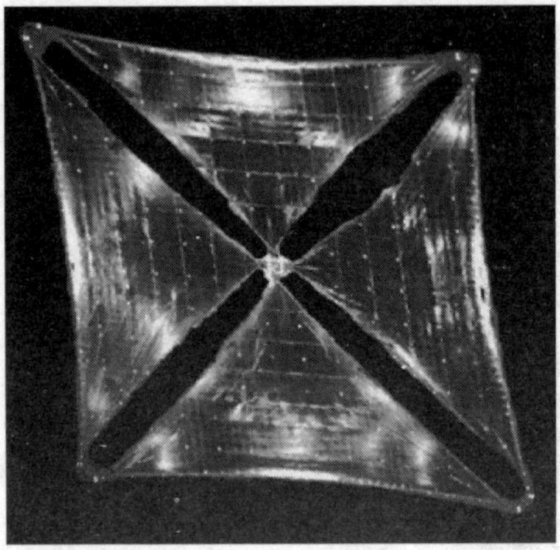

◆纳米帆—D

星。2005年，美国行星学会曾借助俄罗斯火箭发射“宇宙一号”卫星，然而火箭在发射过程中便失败了。2008年，美国宇航局（NASA）又部署了一个新的项目，叫做“纳米帆—D”。“纳米帆—D”是一个微型卫星，体积只比一块面包略大。它只携带了几块电池为无线电和计算机供电，除此之外再无任何能源。它携带的太阳帆展开后有100平方英尺，厚度比纸还要薄，表面镀有铝。按照计划，太阳帆将在卫星进入轨道3天后打开。

然而，火箭在升空两分钟后出现故障，“纳米帆—D”未能进入近地轨道。又一次太阳帆的努力失败了。

拓展思考

1. 什么是光镊子？它的原理是什么？
2. 光镊子技术是谁发明的？
3. 光镊子技术有什么应用价值？它的用途是什么？
4. 是否所有的激光都能产生光镊子现象？它的光束和普通激光有什么不同？

突破衍射的束缚
——激光扫描共聚焦显微镜

◆激光扫描共聚焦显微镜

探索微观世界的神奇奥秘，必须要使用一些非常先进的“利器”，例如原子力显微镜，扫描隧道显微镜等。激光扫描共聚焦显微镜也是显微镜中的一种，诞生于20世纪80年代。它的出现是显微镜发展史上的一次巨大跨越，是一项具有划时代意义的高科技新产品，是当今世界最先进的细胞生物学分析仪器。它可以使图像更为清晰，与计算机及相应软件技术结合，可进行实时监控。与传统光学显微镜相比，它具有分辨率更高，并可形成清晰的三维图像等优点。所以它问世以来在生物学的研究领域中得到了广泛应用。通过本专题，希望能够让大家了解微观世界，亲身鉴赏到显微技术发展所带来的视觉震撼。

共聚焦显微镜原理

激光扫描共聚焦显微镜是近10年发展起来的医学图像分析仪器，现已广泛应用于荧光定量测量、共焦图像分析、三维图像重建等方面。其性能相比普通光学显微镜有了质的飞跃，是电子显微镜的一个补充。

传统的光学显微镜使用的是场光源，标本上每一点的图像都会受到邻近点的衍射或散射光的干扰；激光扫描共聚焦显微镜采用点光源照射样

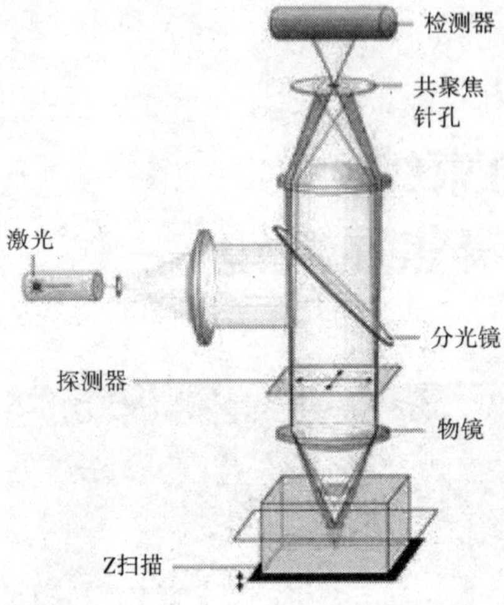

◆共聚焦原理图

本，在焦平面上形成一个轮廓分明的小的光点，该点被照射后发出的荧光被物镜搜集，并沿原照射光路回送到由双色镜构成的分光器。分光器将荧光直接送到探测器。光源和探测器前方都各有一个针孔，分别称为照明针孔和探测针孔。焦平面上的点同时聚焦于照明针孔和发射针孔，焦平面以外的点被挡在探测针孔之外不能成像，这样得到的共聚焦图像是标本的光学切面，避免了非焦平面上杂散光线的干扰，克服了普通显微镜图像模糊的缺点，因此能得到整个焦平面上清晰的共聚焦图像。

知识窗

光的衍射

光在传播过程中，遇到障碍物或小孔（窄缝）时，它有离开直线路径绕到障碍物阴影里去的现象。这种现象叫光的衍射。衍射时产生的明暗条纹或光环，叫衍射图样。

由于光的波长很短，只有十分之几微米，通常物体都比它大得多，但是当光射向一个针孔、一条狭缝、一根细丝时，可以清楚地看到光的衍射。用单色光照射时效果好一些，如果用复色光，则看到的衍射图案是彩色的。

激光共聚焦显微镜作为光学显微镜的重大改进，与传统照明显微镜相比有许多独特的优势：它可以控制焦深、照明强度，降低了非焦平面上光线噪音干扰，观察到非常清晰的高质量图像。事实上，共聚焦技术已经成为光学显微镜的一个最重要的技术突破。通过对比传统显微镜和激光扫描共聚焦显微镜所拍摄的图片不难看出，在采用相同切片的前提下，共聚焦显微镜拍摄的图片（b）、（d）、（f）更加清晰细腻、层次分明，不仅利于学术研究，也具备了一定的艺术鉴赏价值。

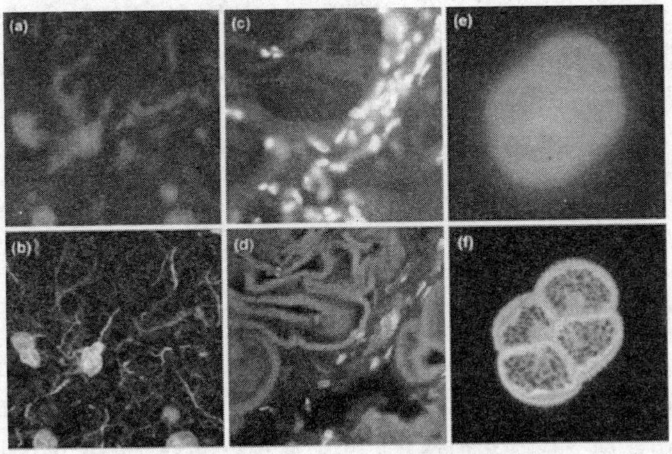

◆传统显微镜和激光扫描共聚焦显微镜所拍摄图片

激光扫描共聚焦显微镜的应用

细胞的三维重建

普通荧光显微镜分辨率低，显示的图像结构为多层面的图像叠加，结

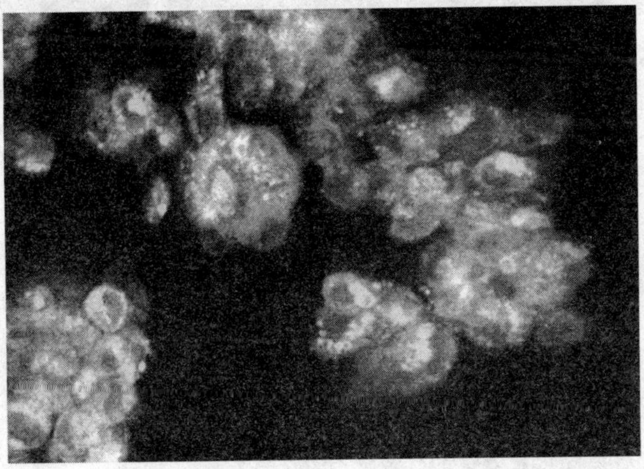

◆细胞的三维立体图

构不够清晰。激光扫描共聚焦显微镜（LSCM）能以 0.1μm 的步距沿轴向对细胞进行分层扫描。可以产生在不同照明角度形成的阴影效果，突出立体感。LSCM 的三维重建广泛用于各类细胞骨架和形态学分析、染色体分析、细胞程序化死亡的观察、细胞内细胞质和细胞器的结构变化的分析和探测等方面。

长时程观察细胞迁移和生长

目前激光扫描共聚焦显微镜的软件一般均可自动进行定时的激光扫描，而且由于新一代激光扫描共聚焦显微镜探测效率的提高，只需要很小的激光能量就可以达到较好的图像质量，从而减小了每次扫描时激光对细胞的损伤，因此，可以用于数小时的长时程定时扫描，记录细胞迁移和生长等细胞生物学现象。

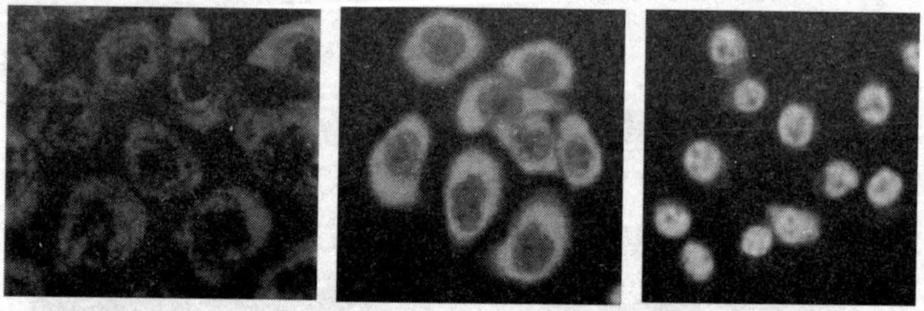

◆共聚焦激光显微镜分析细胞凋亡过程

拓展思考

1. 激光共聚焦显微镜的工作原理是什么？
2. 什么是光的衍射？
3. 激光共聚焦显微镜和普通的电子显微镜有什么不同？
4. 激光共聚焦显微镜的优点是什么？

专打你的眼——激光致盲武器

◆海湾战争

科学技术的飞速发展及其在军事领域的广泛应用，使传统战争模式发生了根本性的变化。海湾战争和科索沃战争的经验证明了高技术武器在现代化战争中的重要作用。自从1960年7月美国研制出世界上第一台激光器以来，以激光技术为基础的激光武器在世界各国得到了广泛重视。激光技术还在战场上大量应用，如激光测距、激光通信、激光制导以及激光干扰与致盲等，其中激光致盲武器是现代战争中一种有效的光电对抗武器，其作用是使人眼和光电敏感器件致盲而丧失作战能力。

激光致盲武器的原理

激光具有以下特点：方向性好、亮度高、单色性好、相干性好。人眼和光电传感器都是一种光学系统，对激光有聚焦作用，所以激光照射会破坏视网膜和观测器材，使人眼和观测器材致盲。

舰载激光致盲武器作为一种主动对抗装备可有效干扰激光和光电侦察设备，以及激光制导反舰导弹。例如，可以用激光束干扰或损伤瞄准镜、微光夜视仪、红外成像仪、激光测距机和激光目标指示器等，甚至可直接破坏激光制导和电视、红外制导反舰导弹的导引头，因此是现代海战中一种非常有力的激光对抗武器。

在激光致盲武器的瞄准系统中，已经采用了“猫眼效应”。因猫的眼睛有较高的反射率，所以在漆黑的夜晚，人们可以看到猫的明亮的两只眼睛。猫眼之所以会特别亮，是因为来自某一方向的光线在进入猫眼之后，经由眼底的反射，把光投射到我们这一方向。在这一过程中，猫眼的晶状体如同透镜。同理，一般光电装置，必有类似晶状体功能的透镜聚集入射光线，投射到光电传感器上。光电传感器表面（对于望远镜等则是分划板表面），如同猫的眼底一样将投射光线反射回来，这种效应就称为“猫眼效应”。美国、俄罗斯和法国的科研人员都提出激光武器可以利用这个原理，搜索作为攻击目标的敌方光学设备和光电传感器，确定其位置，实施准确攻击。

◆猫眼效应

万花筒

神秘的激光致盲武器

英国皇家海军装备的激光致眩器在1982年的马岛战争使用，使阿根廷飞行员莫名其妙因惊慌失措和致盲而坠机或偏离航向；前苏联的激光致盲武器已有样机装置，并在飞机、舰船和坦克等装甲车辆上开始了激光验证，美国飞行员曾多次受到前苏联及俄罗斯激光武器照射；瑞典的战斗机驾驶员和加拿大的直升机驾驶员也曾受到俄罗斯的激光武器照射而暂时致盲。激光致盲武器除了对人眼造成伤害外，还会使光电敏感器件，如望远镜、潜望镜、瞄准镜、夜视仪、传感器和光学引信等致盲。

激光致盲坦克

◆99式主战坦克的激光致盲系统，可压制敌坦克的瞄准装置

99A2式主战坦克被中国称为“第三代主战坦克”。99A2式主战坦克对一系列关键部位加强了保护，对炮塔前部或两侧这样的区域安装了爆炸反应装甲。98式和99式主战坦克都在坦克顶部安装了激光反制装置。据悉，99A2式坦克将安装基于俄罗斯技术研制的新型主动防御系统。99式激光防御系统的作用主要集中在激光辐射报警，捕捉，干扰、致盲等功能使目标处的人眼暂时失去观察能力或使光电器件损坏。其工作过程大致为在探测到敌方坦克的测距激光束后，该系统会自动发出报警信号，同时向敌方坦克所在的方位发射出一束较弱的激光，在确定敌方的准确位置后，激光束会在瞬间增强到足以摧毁敌方坦克光电设备或是操纵手视觉的危险水平。一般认为其最大作用距离为4000米。

讲解：99式坦克的对手是谁？

敌方会采取一切可能的手段摧毁激光装置，如发射同波长的强激光使我方的探测器失灵或烧毁。就技术而言，这种方法虽然是最有效最积极的对抗措施，但不如发展反激光导弹更快更容易实现。如同反辐射导弹那样，反激光导

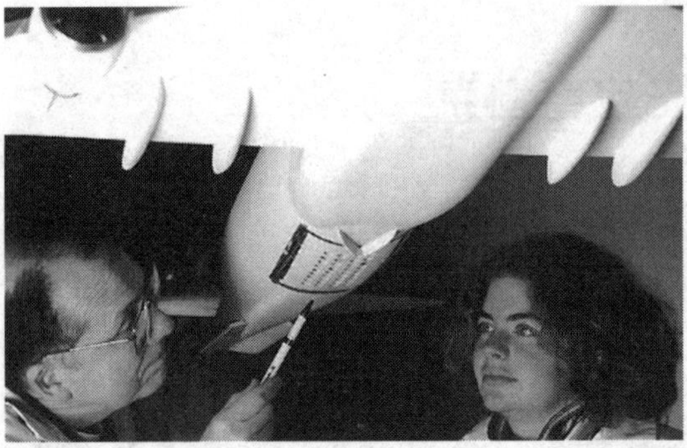
◆反激光导弹

弹的寻的头只要能探测跟踪激光装置的激光源，就能实现破坏或摧毁。以目前的技术水平而言，发展或装备出此类武器也并不奇怪。以99式坦克激光防御系统为例，当我方发射一束探测位置的激光时，也是反激光导弹寻的而来之时。当然，如果系统能提高反应速度，应该还是可以破解的。

新型脉冲激光致盲器

美国五角大楼正致力于研制一种新型激光致盲武器，希望能够在迫使汽车司机停车的同时又不伤害他们的眼睛，以防止对平民误伤事件的发生。

◆五角大楼

该报道称，在伊拉克和阿富汗，检查点的美军士兵在遇到无视减速警告标志而高速接近的汽车时，无法判定司机仅仅是粗心大意未能减速还是企图进行自杀式炸弹袭击。在这种情况下，他们需要一种有效但无害的方法来迫使司机停车受检。这也是美军在伊拉克和阿富汗部署用来暂时致盲的绿色激光致盲武器的目的所在。但由于目前这种激光器发射的激光在较短距离内仍会对眼睛造成损害，致使许多士兵和平民在“误伤”事件后不得不到医院去接受眼部治疗。

为防止这种伤害事件的发生，位于美国弗吉尼亚的美国国防部联合非致命武器委员会正在研发一种旨在防止损伤眼睛的脉冲激光器。这种激光器发射的部分波长激光会被汽车挡风玻璃吸收，蒸发后在挡风玻璃外层产生电浆，进而在吸收其余的脉冲后再放射出耀眼的白光，以使车内的人眼花缭乱，达到暂时致盲的效果，但车内人员的眼睛并不会受到伤害。该激光器的原型机有望在2010年面世。

由于光线是从汽车挡风玻璃散射出去的，因此司机眼睛所受到的影响与激光器和车辆之间的距离无关。

拓展思考

1. 激光的特点是什么？
2. 激光致盲武器的工作原理是什么？
3. 激光致盲坦克能对敌方造成怎样的伤害？
4. 通过课外阅读说说还有哪些新的激光致盲武器？

无处不在——激光侦查

◆伊拉克反美武装狙击手已成驻伊美军最大威胁

在现代战争中，装备精良、训练有素的敌方狙击手往往成为各国军队的心腹大患。据美国《防务新闻》网站2007年11月5日报道，为应付伊拉克战场上日趋严重的狙击手威胁，五角大楼已向国会申请了14亿美元的紧急拨款，用来为前线部队采购包括电子仪器、防弹衣和各种传感器在内的反狙击装备。各国军方近年来都在硬件方面投入大量精力，借助先进的声、光、电技术开发出型号多样、原理各异的“反狙击手探测系统”，从技术层次上提高了防御狙击手袭击的能力。

多样的反狙击手段

当今世界上的主流反狙击系统可分为声学探测、红外探测和激光探测三类。

其中最早投入使用的是声波探测仪，这种装置包括一系列高精度声音传感器，通过感应及比对由多个分散布置的麦克风接收到的枪口音爆的时间差异，再结合多点定位原理，即可精确计算出射击位置、子弹轨迹乃至枪械口径。由于原理简单、成本低廉，声波探测仪被公认为是性价比最好的反狙击探测系统，其中Eras－100型就是其代表性产品。

◆美军狙击手持M82A1反器材步枪

红外探测器是另一种较为普及的装备。它通常由红外摄像机、计算机和显控设备组成。红外反狙击手探测系统通过探测枪口闪光和飞行弹丸的红外信号，来确定敌方狙击手的位置。此系统能在狙击手射程2至3倍的距离外有效感知其存在，具有相当的安全性。美国计划批量部署到伊拉克的Weapon Watch系统就运用了这种原理。

美国马里兰高级开发实验室研制的“蝰蛇”反狙击手探测系统由红外摄像机、计算机、步枪上安装的惯性传感器及显示器组成。“蝰蛇”系统采用凝视型中红外焦平面阵列探测器来探测枪口闪光，可在狙击手开枪后70毫秒内探测到目标，方位、水平定位精度误差均小于0.2度。该系统的红外摄像机不必瞄准或靠近狙击手，只需视线能够观测到目标即可。即使视线中间存在小型障碍物（如灌木丛），系统仍然能够在狙击手的有效打击距离外探测到信息，探测概率超过95%，可用于探测5.66毫米、7.62毫米和12.7毫米口径的步枪。

◆Weapon Watch系统

原理介绍

红外探测器工作原理

红外探测器可以探测子弹出膛时的闪光，发现1000米距离、视线不被阻断的目标。由于飞行的弹丸比周围空气的温度高，红外探测器可在几千米外探测到弹丸的热特征，通过弹丸的飞行弹道，回溯发现狙击手的位置。在波长为3～5微米的中红外波段内，探测效果尤为明显。

不同于声探测系统和红外探测系统，激光探测系统是一种主动系统，有可能在狙击手开枪之前就找出他们的位置。

激光反狙击手探测系统利用的是“猫眼”效应。猫眼在黑暗中发光，是由于猫的视网膜比身体其他部位的反射能力强。同样，狙击手的瞄准望远镜也比周围背景的反射能力强。当不可见光波段的激光束照射到其表面时，就会产生狙击手不易察觉而激光探测系统能够察觉到的较强反光，从而发现狙击手。

◆激光反狙击手探测系统让狙击手暴露目标

俄罗斯努杰利曼精密机器制造设计局开发的“便携式自动光电对抗系统”不仅能够独立完成探测任务，还能在识别目标后换用高能激光直接对狙击手实施“致盲”攻击，令敌军的光学仪器或狙击手长时间丧失战斗力。

广角镜：SLD—400 反狙击系统

◆法国激光工业公司激光探测反狙击系统

法国激光工业公司（CILAS）研制的狙击手探测系统是一种典型的激光探测系统。该系统使用近红外激光，工作波长0.8～0.9微米。系统除了可以探测到隐蔽在伪装网后或者加装有蜂窝板的狙击手步枪瞄准镜，还能探测到夜视镜、测距仪、望远镜等其他光学部件。SLD—400原型系统于1994年底在萨拉热窝得到首次应用，效果非常显著。在1992年前，由于未装备反狙击手系统，驻萨拉热窝的法国维和部队在很短时间内就有80多人死于技术精良的当地狙击手的枪下；而装备该系统后，在随后几年内没有因为狙击手损失一名士兵。除了狙击手探测外，SLD—400系统在战场上也可用来对付敌军车辆，通过探测敌军车载瞄准装置记录车辆的运动情况。

道高一尺，魔高一丈

◆美军狙击手准备猎杀目标

毫无疑问，反狙击装备的普及令狙击战术面临严峻挑战。但站在狙击手的立场上看，作为进攻一方，仍可能从这些系统的固有缺陷入手，发展出相应对抗手段。

首先是加强干扰，争取乱中取胜。考虑到声波/红外探测系统无法快速区分狙击步枪和其他火器发射特征的弱点，狙击一方可选择于双方激烈交火时行动，将自身隐藏于己方众多火器之中，增大对手判断难度。

其次，是在阵地选择上多下功夫。还可尝试使用“车轮战术”，利用多个狙击小组在不同的地点、方向和时间实施无规律攻击，令对方顾此失彼。

实时监控——激光跟踪

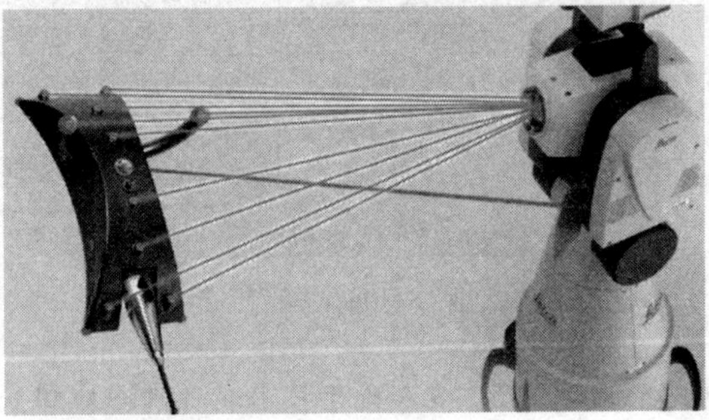

◆激光跟踪系统

先进的测量装备不仅有助于企业生产出高精度、高质量的零部件，同时也可以为生产设备的稳定、可靠运行提供保障。在汽车制造企业里，产品质检人员通常要将被检测工件从生产线上搬运到固定的测量设备上来进行检测，这会造成很大的时间及财力浪费。激光跟踪测量仪的诞生为汽车行业零部件的检测提供了更高精度、更加便利的解决方案。

万花筒

激光跟踪的广泛应用

激光跟踪的特点是精度高。它常用于靶场测量，对运动目标单站定轨并实时输出测量数据。激光空间通信和激光武器（即光炮）等，都需要激光跟踪。把激光跟踪技术用于炸弹、炮弹和导弹的激光制导，能显著提高命中率。此外，激光跟踪还可用于大面积工程施工、农田水利建设和工业生产，可提高工程质量和生产效率。

激光跟踪测量仪是一台移动式光学三坐标测量设备，其核心是一台激光干涉仪。该跟踪仪利用极坐标工作原理，跟踪头发射激光至一个由三棱镜反射器组成的球形反射镜，且始终保持激光束对准反射镜的中心，操作员可以手持反射镜在被测物体上移动，只要操作员保持反射激光与跟踪仪的联系，跟踪头就会始终跟随反射镜的移动而转动，同时激光束会被反射镜连续地反射回跟踪仪，从而测量出跟踪仪与反射镜之间的距离。当操作员将反射镜放置在待测点上时，实现触发遥控测量，被测点的三维坐标就会自动保存在系统数据库中。

拓展思考

1. 通过课外阅读，说说在战争中侦察的重要性。
2. 请你说说红外探测器原理。
3. 说说激光反狙击的原理。
4. 激光跟踪有什么广泛的应用？

长了眼睛的炸弹
——激光制导炸弹

◆轰炸机都使用激光制导炸弹

炸弹，是一个让人恐惧的词语。因为它，使得许多在战争中手无寸铁的百姓瞬间失去了一切，即使隐蔽得很好，炸弹也会跟着炸过来。难道它们长了“眼睛”不成？是的，它们是长了眼睛，不过它们的眼睛是——激光制导。激光制导炸弹早在越南战争中就已经使用。在伊拉克战争中，美国多次使用激光制导炸弹。在海湾战争期间，以美国为首的多国部队共投掷了6520吨激光制导炸弹，有90%击中了目标，而同期投下的8万余吨非制导炸弹的命中率却只有25%。激光制导是没有错的，犯错的是那些把它当作杀人工具的人们。我们祈求世界和平，反对滥用武力！

长了“眼睛”的激光制导

目前，新型的激光制导炸弹具有射程远、精度高，能在低能见度条件下实施低空远程攻击的特点。激光制导炸弹使用的是半自动寻的制导方式。在攻击时，先从地面或空中用激光目标指示器对准目标发射激光束，发射或投放的攻击性弹头前端的“寻的器”就会捕获由目标表面反射回来的激光，并控制和引导弹头对目标进行奔袭，直至击中目标并将目标炸掉。由于

◆长了“眼睛”的炸弹

激光束的方向性极好而且发散角很小，因此，激光制导武器命中精度极高，尽管与普通炸弹相比，激光制导炸弹造价不菲，但是，它的作战效能却比普通炸弹高出数十倍甚至数百倍。

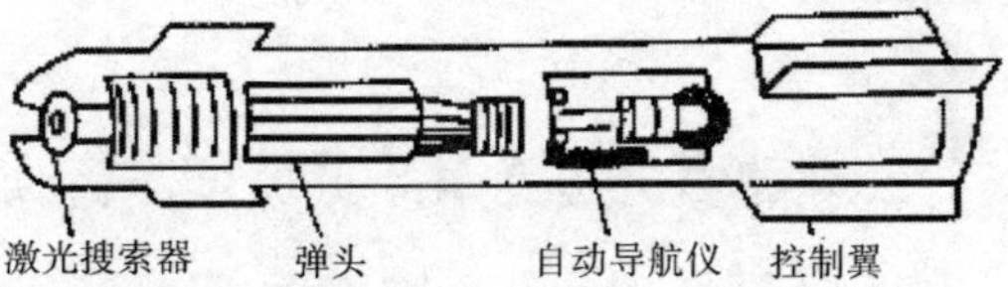

◆激光制导炸弹结构示意图

知识窗

红外制导炸弹

红外制导是利用红外探测器捕获和跟踪目标自身辐射的能量来实现寻的制导的技术。红外制导技术是精确制导武器的一个十分重要的技术手段，红外制导技术分为红外成像制导技术和红外非成像制导技术两大类。

我们以美国GBU－28激光制导炸弹为例来讲一下制导炸弹的结构。GBU－28属于美国“宝石路Ⅲ”激光制导炸弹系列。弹体分为3大部分——制导舱、战斗舱、尾翼。其中，制导舱主要由激光导引头、探测器、计算机等组成。它和尾翼中的控制尾翼一起，共同控制炸弹命中目标。GBU－28全重达2.3吨，最大直径约440毫米，长约5.84米，炸弹内装填了306公斤高爆炸药。GBU－28有智能化的引信，引信的核心部件是微型固态加速器。加速器可随时将炸弹钻地过程中的有关数值与内置程序进行比较，以确定钻地深度。当炸弹碰到地下掩体时，会自动记录穿过的掩体层数，直至到达指定掩体层后才会爆炸。GBU－28能钻入地下6米深的加固混凝土建筑物或30米深的地下土层。

激光制导炸弹的克星

目前，各军事强国纷纷加强激光制导炸弹的研制．在未来战争中如何防范激光制导武器的袭击是一个不可回避的课题。

烟幕：激光制导的屏障

◆释放烟雾

对付激光制导武器的常用办法是对目标进行烟幕保护，即在可能被袭击的目标周围施放烟幕，把目标隐藏在浓浓的烟幕之中。越战期间，在美军首次利用激光制导炸弹取得辉煌战果之后，越方及时使用了烟幕对电厂桥梁等目标进行了掩护。当美军又一次对这些目标进行轰炸时，投下的许多激光制导炸弹面对白茫茫的浓烟就都成了看不见目标的“瞎子”，结果竟没有一枚命中目标。

烟幕使激光制导武器“变瞎”的原因在于烟幕能对光波产生强烈的散射和吸收。这种散射和吸收有效地遮挡了光波的通道，使“激光目标指示器”难以瞄准目标，也使激光制导武器的“寻的器”无法接收到由目标漫反射回来的引导光波。在这种情况下，激光制导武器自然也就变“瞎”了。

> 烟幕保护不仅能对付激光制导武器，而且还能对付其他类型的制导武器，例如红外制导武器、电视成像制导武器等。

烟幕必须在敌方的光学制导武器来袭之前的适当时间开始施放，还要选择在上风头的必要部位进行。如果在敌方袭击开始时烟幕不浓或不能充分遮掩目标，就会大大削弱其保护作用。因此烟幕保护不仅需要有效的预警系统相配合，而且还需要消耗大量的发烟器材，对于敌人突如其来的袭击也很难及时进行有效的防御。

黑化：吸收激光于无形

激光制导武器之所以能够逞威，关键在于被袭击的目标通常都会对照射激光产生较强的漫反射作用。为了美观，许多建筑物都采用浅色外表，而这恰恰能够对照射激光产生强烈的漫反射，为激光制导武器提供较强的目标指示信号。既然激光制导离不开目标对照射激光的漫反射，那就应当想方设法尽可能地降低目标对激光的漫反射强度。黑化表面是减小漫反射强度的一种有效方法。

原理介绍

波长与反射率

激光制导武器通常使用波长1.06微米的激光。一般建筑物表面对照射光的反射率都比较大，通常在50%左右，白色表面甚至可以达到90%左右。所以，它们很容易成为被激光制导武器打击的目标。如果用对1.06微米和10.6微米波长的光具有高吸收率低反射率的材料覆盖表面，就可以在很大程度上实现对激光制导武器的“隐形”，使激光制导武器接收不到足够的反射激光，因而也就无法对目标进行准确的袭击。例如，灯黑涂料对1.06微米光波的反射率只有5%左右。这样微弱的漫反射光就很难被激光制导武器接收到。

使用黑色材料覆盖表面的方法有多种，既可以用涂料直接涂在建筑物表面，也可以用黑化后的板、片、膜、布等类型的材料临时覆盖（或遮掩）在建筑物表面，同时要注意经常清除黑化面上的尘土，因为尘土会增强漫反射，还要注意经常在黑化面上洒些水，使其保持湿润。湿润的黑化面可以增强对光波的吸收而减少反射，还可以起到散热降温的作用。

镜面：让激光制导“脱靶”

◆用平面镜可以让激光制导“脱靶”

激光制导武器寻找目标靠的是从目标漫反射回来的照射激光。因为漫反射是向四面八方反射的，才使得激光制导武器的寻的器随时都能捕捉到由目标反射回来的激光并把攻击方向对准目标。如果在目标的表面使用平面镜进行防护，无论照射目标的激光束来自空中还是地面，平面镜都将对照射其上的激光按反射定律产生集中的定向反射。反射光同样是很窄的光束。激光制导武器的寻的器极难捕捉到它，即使偶然碰到了反射光束，由于互相运动也很快就会错开反射光束而“脱靶”。而且由于镜面反射激光的能量集中，寻的器的光学元件在碰到过强的反射光束时也容易被损坏而失效。

“早产儿”——GBU－28

◆F－111 战斗轰炸机

GBU－28 是海湾战争的“早产儿”。海湾战争期间，美军对伊拉克首都巴格达以北的地下指挥所等坚固目标进行反复轰炸，但效果甚微。当时，美国还没有进行 GBU－28 的早期论证。直到“沙漠风暴”行动开始一周后，美国空军才匆匆向国内军工

> 海湾战争10周年采访中，记者考察发现炸弹可以对地下造成毁灭性的破坏，曾使近千名平民死亡。

企业提出了研制钻地武器的设想。为此，美国国内研究单位和企业紧急动员，匆忙设计了一种特殊炸弹，这就是 GBU－28。

1991 年 2 月 27 日，由一架 F－111 战斗轰炸机向巴格达以北数公里的空军基地地下综合设施投掷了首批两枚 GBU－28 炸弹，其中一枚准确命中目标。从飞机拍摄的公开电视录像来看，在炸弹击中目标后大约 6 秒，从炸弹的钻入处冒出大量浓烟。

海湾战争期间，美国共生产了 30 枚这种炸弹。后来，美军还专门拨出 1840 万美元，计划对其进行改进，并制造 161 枚这种硬目标钻地炸弹。1995 年，改进后的炸弹被正式命名为 GBU－28。截至阿富汗战争爆发，美军共装备了 125 枚这种炸弹。2001 年 10 月 10 日，美军首次在阿富汗投下这种炸弹。如前所述，这种武器毕竟是一个“早产儿”，存在着某些先天不足。一是其体积过大，无法装载在 B－1、B－2 远程隐形轰炸机上，也不能装载到航母的舰载机上，这就限制了该炸弹的广泛使用。二是该炸弹使用的 GBU－27 激光制导装置降低了飞机的生存能力。因为这种激光制导装置在使用时，必须由操作员用激光指示器指明目标，炸弹再沿着反射回来的光束飞向目标，这不仅增大了操作员的负担，而且还增加了飞机在目标上空滞留的时间。三是这种激光指示器容易受到天气等因素的影响。

广角镜：仿造的 GBU－28 激光制导炸弹

以色列轰炸黎巴嫩所使用的激光制导炸弹，命中率达到 92%，据透露，以色列经由这次实战经验，准备向国际推销这款自制激光制导炸弹，第一站就是台湾。台湾对于以色列所使用的激光制导炸弹并不陌生，因为台军在汉光演习期间也使用了这种炸弹。台湾过去曾向美国购买这款炸弹，现在以色列所使用的是仿造美国炸弹的自制品。

据台军方内部文件透露，台湾下年度的“国防预算”中，空军将编列新台币12.5亿元采购由F—16及IDF战机所使用的激光制导炸弹，目前美制的激光制导弹，每枚单价7.5万美元，以色列所仿造的全新弹，一枚只需4.5万美元，以色列的军火相对便宜，对台湾是不小的诱因。

◆美国制造的GBU—10激光制导炸弹，以色列制造的同款炸弹较美国便宜

拓展思考

1. 你能说说激光制导的原理吗?
2. 激光制导和红外制导有什么区别?
3. 激光制导有什么致命的局限?
4. 通过课外阅读，说说激光武器的研究进展。

实战大练兵
——激光模拟演习

◆激光模拟武器成为现代军事演习中的道具

电视剧《士兵突击》选拔老A的军事演习里，蓝军一阵扫射，火光四射、硝烟满场、子弹横飞，被打中的士兵的背包屁股就开始“滋滋”冒烟，表示被击中了。但奇怪的是，有的士兵是从前面被射中的，有的是从背后，中弹部位明明不一样，为什么冒烟的部位都在背包屁股那儿？现在可以告诉你的是，许三多屁股上被击中的不是真正的子弹，而是激光。别看军事演习的时候又是硝烟又是爆炸，飞机大炮齐上阵，可那都不是玩真的，否则那么贵的装备报废了不说，红军和蓝军死的还都是自己人，怎么算怎么都划不来。其实说白了，部队参加这样的“演出”，必须有一套特殊的“道具”。

逼真的模拟演习

《士兵突击》的那场演习中，大家的枪口都装了激光发射装置，同时，身上和头盔上也装了相应的激光接收装置和烟罐。双方对射中，当激光命中身体的一个部位时，就会触发发声装置发出一定声调的声音，同时身上的电光装置发出光信号；而且，激光命中身体不同部位，发出的声调和光

◆一场游戏，一场仗

◆激光模拟武器瞄准

◆参演战士“中弹”

信号也不同，我们就可以记录对方被击中后是被“打死”、“重伤”还是“轻伤”。激光射击模拟枪内装有半导体激光器，扳机直接与触发激光器发射激光的开关相连，扳机每扳动一次，激光器发射1个光脉冲，相当于发射1颗子弹。其次军事目标，比如坦克、飞机等，在它们的外壳上也装有光电接收器，以及发声装置和烟雾燃放器。当它们被激光模拟枪命中时，光电接收器会马上产生一个电信号，触发发声装置发出响声，同时触发烟雾燃放器爆发出烟雾。

激光虽好，但是没响动、没火光、没气味。论营造气氛，还是得用空包弹。空包弹并不是包如果既想看着带劲，又想准确判断演习中的“伤亡”情况，武器上会空包弹、激光发射装置一起装。

着空气的子弹，相反，它里面的火药是足量的，只是没有弹头，或者只有塑料弹头一类的“蜡枪头”。空包弹发出的“突突”声、火光和硝烟味儿和实弹几乎一摸一样，但没有能击穿物体并最终起到杀伤效果的弹头，只要离枪口超过10米远，就不会被枪口射出的高温火药气流或假弹头的碎屑所伤。

知识库：用惰性弹来代替实弹

◆AH－64阿帕奇直升机外挂，蓝色为地狱火惰性训练弹

小子弹的实战效果容易模拟，但导弹等大家伙的效果就不是空包弹或染色弹所能代替的。在飞机练习轰炸目标的普通训练中，通常会用惰性弹来代替实弹。这种两个拳头大小的蓝色小铁块或小铅块不会爆炸，只是用来测量飞行员的投弹准不准，离目标有多远。但要训练出最强悍的士兵，体现出最真实的战场效果，用实弹进行演习是躲不过的一关。比如说，一个老用惰性弹练轰炸的飞行员，可能会养成投弹时飞行高度过低的毛病，因为惰性弹反正是不会爆炸的，但在实战中，这个毛病就很可能会让飞机被爆炸的碎片击中。实弹投下去后会产生冲击波，能让飞行员清楚地感受到飞机的震颤，这也是平常投惰性弹不可能感觉到的。用实弹的另一大好处，是能让士兵“眼见为实”，能亲眼看到炸弹离被炸目标近一米，结果会有什么不同，对比自己投的和别人投的，效果怎样高下立判。

最大的空军演习——红旗军演

◆红旗军演每年都在拉斯韦加斯附近的奈利斯空军基地举行数次

军事演习足够真实、足够激烈的关键，是要有一支够真实、够强大的敌军。为此，美军建立了专门的假想敌部队，因为专职部队的模仿能力肯定比临时的要好。

世界上最大的空军演习"红旗军演"的名字，就来源于其专门的假想敌部队"红旗部队"。这支"专业陪练部队"的飞行员不仅个个都是精英中的精英，更让人咋舌的是，他们的战术动作、战术思想都是前苏联式的，队员们看前苏联的油画展、小说、电影，不以"Sir"相称，而是互称"同志"，来使自己从思维方式到行为方式更像敌方人员。为了让假想敌部队更"真实"，美国还请了前苏联和前苏联盟国的退役军官，去美军的训练基地检验自己模拟的战术思想像不像，并帮忙改造装备。因为美军买不到大量的苏式装备，而训练需要的装备数量又太大，所以假想敌部队的装备都是改装过的，他们用自己的坦克模拟了苏式坦克，用悍马车改装成前苏联的步兵战车，不离近点儿的话，根本看不出区别。

◆赴美国参加红旗军演的印度空军苏—30MKI战机与美国空军F—15C/F—16C战机共同停在机场

目前我们中国也正在设立专职的假想敌部队，模拟他国部队的作战方式。比如在北京某军区的某次军事演习中，一等我方部队开出门口，假想敌部队就开打了，因为他国军队有能力用巡航导弹来进行远程攻击；此后，假想敌部队还使出了断桥、断路等手段，甚至利用气象武器，通过实施人工降雨、造成山体滑坡来打击我方，因为气象战也是现代战争中常用的打法，美军甚至早在 20 世纪 70 年代的越南战争中就用得轻车熟路了。此外，打电子战，干扰我方的通信、雷达、车载电台、激光和红外等也都是假想敌部队的常用手段，总之完全按照现代作战的特点来进行。

万花筒

逼真的游戏

与一般电脑游戏不同的是，这种军事培训游戏与真实战场几乎一般无二，你在电脑中走一段距离花掉的时间就是现实生活中花掉的时间。在游戏里，手雷爆炸时会产生浓黑的烟雾，射击时枪口会冒出火花，蜷曲或倾斜身体会提高你的瞄准精度，因为摆这些姿势能让人屏住呼吸。

在伊拉克战争爆发前，美军专门为海军陆战队秘密开发了一款电脑游戏，游戏里的地形、街道、建筑等模拟的都是伊拉克首都巴格达。为了让游戏更接近现实战争，美国陆军每年都要请游戏专家们参加两次实兵军事演习，而他们在军营中搜集到的素材，如军士衣服上的标识、手枪和机关枪发出的不同声音，以及填充弹药的复杂动作都被制作进了游戏里。

在被派往伊拉克执行任务的140多万人次的美军中，高达90%的人都预先接受过这套电脑游戏的“培训”。

广角镜：军事游戏当诱饵

◆三角洲部队游戏

军事游戏现在甚至被当作招募新兵的诱饵。美国陆军为了解决征兵难的问题，在 2002 年开发了一款名为《美国陆军》的游戏，挂在网上供人免费下载。这款游戏不负美军的期望，大受欢迎，几个月内就有了超过 6.5 万名注册玩家，平均每天都有 3 万多人在这个游戏里过当兵的瘾。在之后的一个调查中，美军某数字化师 40%的新兵仅用了 2 个月就熟练操作了该师复杂的数字化装备，当问到原因时，新兵们说，操作这些武器跟他们入伍前玩的游戏差不多。

有不少人玩过《三角洲部队》吧？没错，那跟《美国陆军》一样，早就已经成为英、美军事院校的指定培训教材——军事游戏。

拓展思考

1. 你看过《士兵突击》这部电视剧吗？
2. 模拟演习使用的是什么子弹？
3. “红旗军演”指的是什么军演？
4. 激光演习有什么优点？

新型“千里眼”——激光雷达

◆激光雷达测绘的立体图

雷达，大家经常听说。但是，有多少人真正知道它是如何工作的呢？也许有人说，雷达与我们太遥远了，生活中根本用不到它。如果你有这种想法，那么就错了。雷达与我们的生产生活有密切的关系。早期有微波雷达，现在有激光雷达。它们各有利弊，通过下面的介绍就会明白。大家看的地图就是通过激光雷达测绘出来的。每天看的天气预报也是通过雷达测出来。激光雷达在2008年北京奥运会的时候发挥了巨大的作用。所以，让我们一起走进它吧。

什么是激光雷达？

◆中国的激光雷达

雷达是一种集激光、全球定位系统（GPS）和惯性导航系统（INS）三种技术于一身的系统，用于获得数据并生成精确的图像。这三种技术的结合，可以高度精确地定位激光束打在物体上的光斑。激光雷达是以发射激光束探测目标的位置、速度等特征量的雷达系统。发射机是各种形式的激光器，如二氧化碳激光器、掺钕钇铝石榴石激光器、半导体激光器及波长可调谐的固体激光器等；

天线是光学望远镜；接收机采用各种形式的光电探测器，如光电倍增管、半导体光电二极管、雪崩光电二极管、红外和可见光多元探测器件等。

原 理 介 绍

激光雷达是如何工作的？

从工作原理上讲，激光雷达与微波雷达没有根本的区别：向目标发射探测信号（激光束），然后将接收到的从目标反射回来的信号（目标回波）与发射信号进行比较，作适当处理后，就可获得目标的有关信息，如目标距离、方位、高度、速度、姿态甚至形状等参数，从而对飞机、导弹等目标进行探测、跟踪和识别。

激光雷达是一种工作在红外到紫外光谱段的雷达系统，其原理和构造与激光测距仪的极为相似。科学家把利用激光脉冲进行探测的称为脉冲激光雷达，把利用连续波激光束进行探测的称为连续波激光雷达。激光雷达的作用是精确测量目标位置（距离和角度）、运动状态（速度、振动和姿态）和形状，探测、识别、分辨和跟踪目标。经过多年努力，科学家们已研制出火控激光雷达、侦测激光雷达、导弹制导激光雷达、靶场测量激光雷达、导航激光雷达等。

捕风捉影——测风速

◆车载多普勒测风激光雷达

在奥运会的比赛项目中，真正“靠天吃饭”的项目不多，帆船比赛首当其冲算是其中的一个。帆船自身没有动力，行驶完全依赖于风力，无风就无法比赛，风大了又有危险。因此，在所有奥运会比赛项目中只有帆船有“完成率”的说法。而这也正是青岛市市长、奥帆委主席夏耕最忧虑的事：“其他都不怕，最怕的就是比赛期间没有风!”作为2008年北京奥运会奥帆赛气象服务的高技术手段之一，车载多普勒测风激光雷达，为奥帆赛的顺利进行作出了贡献。帆船赛对气象条件要求很高，比赛要在3米/秒到20米/秒的风速中进行。由于风向、风速及浪流潮等气象水文条件的变化，帆船比赛场地也需按照气象水文情况进行布设。多普勒测风激光雷达系统具有实时探测风速、风向数据等功能，能为专家分析、预报提供服务。

广角镜：十年后，你的司机是机器

◆无人驾驶的汽车

英国南安普顿大学的威尔·斯图尔特教授说，自主控制的汽车对运输最有用，无人驾驶的卡车和汽车将使驾驶更加安全。无人驾驶汽车也可以积累周围道路的三维图片，然后将图片发送给计算机控制系统，计算机将编程考虑行人横穿马路、其他汽车和垃圾等危险。如果其他汽车靠得太近，它会引导卡车安全减速。如果无人驾驶卡车探测到机器或者软件出现故障，它将自动行驶到路边并且发射信号寻求帮助。10年到30年内，30%的卡车将由机器来操控。无人驾驶出租车有望明年在希思罗机场投入使用。

安装在飞机上的激光雷达

机载激光雷达，是一种安装在飞机上的机载激光探测和测距系统。是以激光为主动探测光源的新型空中侦察和航测传感器系统。通过量测地面物体的三维坐标，生成数据影像。数据经过相关软件处理后，可以生成高精度的数字地面模型、等高线图及摄影图像。由于激光脉冲不易受阴影和太阳角度影响，从而大大提高了数据采集的质量。其高程数据精度不受航

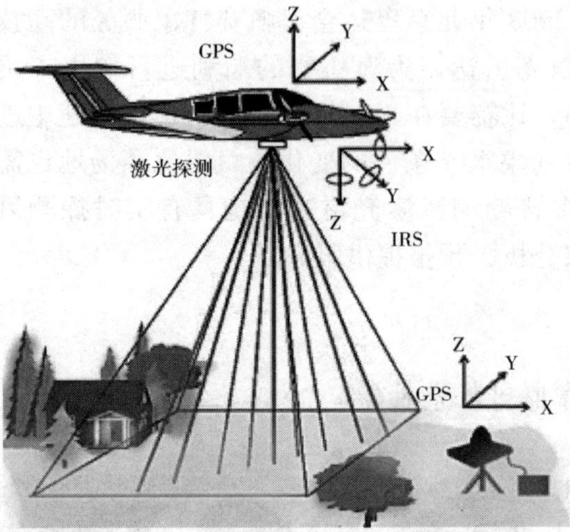

◆机载激光雷达系统的原理图

高限制，比常规摄影测量更具优越性。影响系统精度的因素有很多，外在因素包括：飞行计划、飞行条件、大气环境的影响、地形的起伏以及植被的覆盖等等。

2008 年汶川大地震时，国务院抗震救灾指挥部要求专家完成并提交唐家山堰塞湖最精细的三维实景图像。工作人员乘飞机在空中 3300 米处，对唐家山堰塞湖进行三维地形扫描。不久，他们用机载激光雷达和数字扫描仪获得该湖最精细的真三维实景图像，如实反映了堰塞湖上游至绵阳市整个流域的三维地形，完整再现了 2.4 亿立方米的“悬湖”之险。被堵塞 26 天后，汶川大地震后形成的“头号”悬湖——唐家山堰塞湖终于泄洪，随后险情全部排除。随着该湖的不复存在，他们完成的三维图也因此成为记载当时最危险时刻的绝版。

低机载雷达地面三维数据获取方法与传统的测量方法相比，具有生产数据外业成本低及后处理成本的优点。它不仅是军内获取三维地理信息的主要途径，而且通过该途径获取的数据成果也被广泛应用于资源勘探、城市规划、农业开发、水利工程、土地利用、环境监测、交通通信、防震减灾及国家重点建设项目等方面，为国民经

◆架空送电线路走廊三维图

济、社会发展和科学研究提供了极为重要的原始资料，并取得了显著的经济效益，展示出良好的应用前景。

◆北川县唐家山堰塞湖数字高程模型影像图，根据 2008 年 5 月 31 日机载激光扫描影像制作

小贴士：使用激光雷达的破碎机

破碎机是一种无人地面车辆（UGV），由美国国防部高级研究计划局（DARPA）投资，卡内基梅隆大学国家机器人工程中心设计。硬件感知系统主要包含激光雷达（激光探测和测距）装置。激光雷达装置发出激光束扫描某一区域并测量激光束反射回到该装置的激光传感器所需的时间。破碎机有 8 套这种装置——4 套用于水平扫描环境，另外 4 套用于垂直扫描。它使用 6 对立体视觉摄像机进行深度感知，并使用 4 台彩色摄像机将彩色像素应用于由激光雷达传感器确定的距离上的每个点。将所有激光雷达和摄像机数据结合起来后，破碎机的车载 CPU 即可创建其正在行驶地形的三维图像。

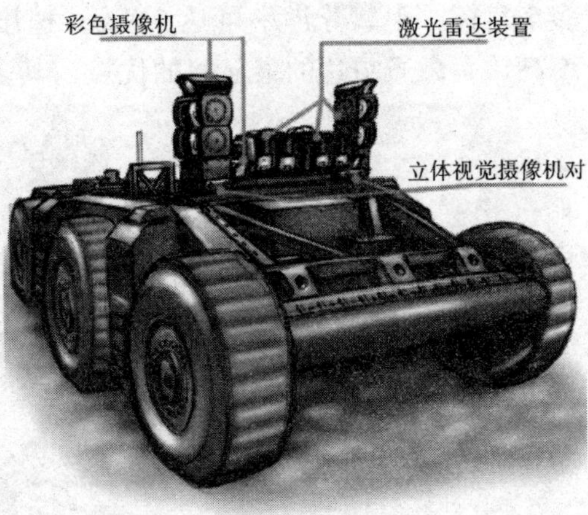

◆破碎机感知系统的早期版本

在 10 年内，我们可能会看到自主车辆在诸如农业、采矿和建筑等领域执行

危险作业，最终将人类在这些领域内面对的某些危险转移到可代替作业的、感觉不到痛苦的机器人身上。

激光雷达与微波雷达

知识窗

什么是微波？

微波是指频率为300MHz～300GHz的电磁波，是无线电波中一个有限频带的简称，即波长在1米（不含1米）到1毫米之间的电磁波，是分米波、厘米波、毫米波的统称。微波比其他用于辐射加热的电磁波，如红外线、远红外线等波长更长，因此具有更好的穿透性。

与普通微波雷达相比，激光雷达由于使用的是激光束，工作频率较微波高了许多，因此带来了很多特点，主要有：

分辨率高 激光雷达可以获得极高的分辨率。可以分辨3km距离上相距0.3m的两个目标（这是微波雷达无论如何也办不到的），并可同时跟踪多个目标；距离分辨率可达0.1m；速度分辨率能达到10m/s以内。分辨率高，是激光雷达的最显著的优点，其多数应用都是基于此。

◆微波雷达是个庞然大物

隐蔽性好、干扰能力强 激光直线传播、方向性好、光束非常窄，只有在其传播路径上才能接收到，因此敌方截获非常困难，且激光雷达的发射口径很小，可接收区域窄，有意发射的激光干扰信号进入接收机的概率极低；另外，与微波雷达易受自然界广泛存在的电磁波影响的情况不同，自然界中能对激光雷达起干扰作用的信号源不多，因此激光雷达抗有源干扰的能力很强，适于工作在日益复杂和激烈的信息战环境中。

体积小、质量轻 通常普通微波雷达的体积庞大，整套系统质量数以吨计，光天线口径就达几米甚至几十米。而激光雷达就要轻便、灵巧得多，发射望远镜的口径一般只有厘米级，整套系统的质量最小的只有几十公斤，架设、拆收都很简便。而且激光雷达的结构相对简单，维修方便，操纵容易，价格也较低。

> 大气湍流还会使激光光束发生畸变、抖动、闪烁、飘移，直接影响激光雷达的测量精度。

激光雷达的缺点 首先，工作时受天气和大气影响大。激光一般在晴朗的天气里衰减较小，传播距离较远。而在大雨、浓烟、浓雾等坏天气里，衰减急剧加大，传播距离大受影响。如工作波长为 10.6μm 的二氧化碳激光，是所有激光中大气传输性能较好的，在坏天气的衰减是晴天的 6 倍。地面或低空使用的二氧化碳激光雷达的作用距离，晴天为 10～20km，而坏天气则降至 1km 以内。

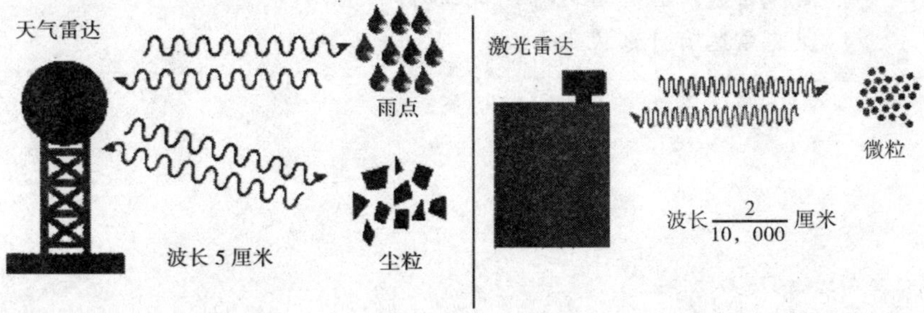

◆激光雷达与微波雷达在大气中传输比较

◆多普勒激光天气雷达

其次，由于激光雷达的波束极窄，在空间搜索目标非常困难，直接影响对非合作目标的截获概率和探测效率，只能在较小的范围内搜索、捕获目标，因而激光雷达较少单独直接应用于战场进行目标探测和搜索。

2002 年 6 月在香港国际机场安装的一套激光雷达，是世界上第一台用于机场天气预警的激光雷达。机场多普勒天气雷达运用微波，测量空气中水点的移动速度，以计算风向及风速资料，在雨天情况下能有效地探测风切变。激光雷达则利用红外线探测空气中尘粒和微细粒子的移动，在无雨情况下最能发挥作用，即使肉眼看不到的天气现象也无所遁形。

拓展思考

1. 什么是激光雷达？它的原理是什么？
2. 飞机上激光雷达的用途是什么？
3. 激光雷达和微波雷达有什么区别？
4. 激光雷达有什么优点？

剑拔弩张——激光武器大比拼

◆强大的激光武器

一束光的诱惑，没有子弹出膛时剑拔弩张的气势，也没有硝烟弥漫时战场的血腥。然而，激光轻武器所发射的激光能灭人于无形，杀人于无声。在这样一个以速度战胜时间，以武器的较量代替肉搏战的时代，激光轻武器正成为军事强国新一轮较量的目标。而且，目前有些国家的军队已有部分激光装备，如激光枪、激光致盲武器等。

二战后，处于冷战状态的俄罗斯（前苏联）在20世纪70年代以后就开始大力发展激光技术。他们有关的研发和实验正如火如荼地进行着。鉴于激光武器的重要作用和地位，美、俄、以色列和其他一些发达国家都投入了巨额资金，制定了宏大计划，组织了庞大的科技队伍，开发激光武器。激光致盲武器已在美国、英国、前苏联以及西欧国家中得到发展。

非致命武器——脉冲能量武器

美国的激光致盲武器的研制与发展已相当成熟，种类多、功能全，并在海湾战争中用于战场。

美国联合非致命武器局透露，他们正在研究一种基于脉冲化学激光器的脉冲能量武器，这种武器的激光脉冲作用于固体目标时，会产生强烈的闪光、震耳的噪声、巨大的冲击和多种生物效应。利用其生物效应研制的

◆美国最新研制的 PHASR 非致命激光步枪

非致命激光武器称为“脉冲能量射弹”（PEP）。这些生物效应包括脉冲冲击对皮肤周围神经和中枢神经的刺激，因而会引起疼痛、短暂的麻痹、胸闷、迷惑等现象。2004 年美国空军研究实验室研究过“激光感生等离子体”技术，并已开发了一种非致命定向能技术，用以研制阻止军车行进和打晕人的装置。

广角镜：非致命激光束武器

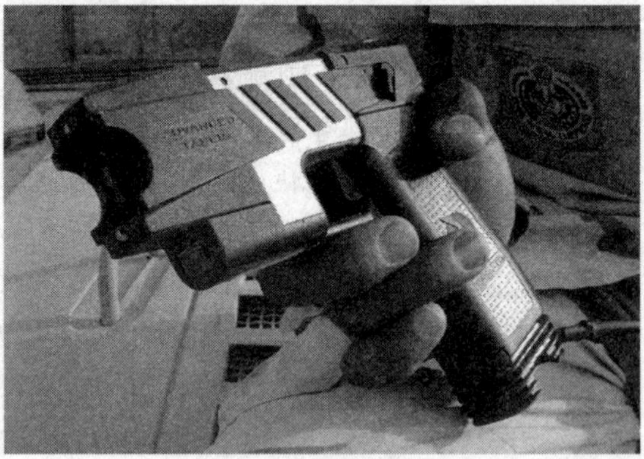
◆美制 M26 型泰瑟非致命手枪

加利福尼亚圣地亚哥 HSV 技术公司正在研发一种非致命激光束武器，利用发射的激光束使在一定距离的人员固定原地不能动弹。这种武器的主要部件是一个紫外线光源，它产生两束相干的紫外辐射。波束照射到目标后，从发射源到目标路径中的空气分子被电离，在武器瞄准的沿途大气回路就有了流通的电流。波束中的电流犹如是一种生理上神经电脉冲的复制品。通常这种神经电脉冲是控制人的横纹肌肌肉组织的，它支配了人的行为动作。激光束产生的挤兑较强刺激了肌肉纤维，会使其原本各不相同的收缩变成单一的持续的收缩，因而使人被照射后只能固定在一个状态，不能自由活动。然而这种外来的神经电脉冲不是生物本身固有的神经电脉冲，所以对人是没有感觉的，对人眼睛也不会引起伤害，因为眼角膜吸收了武器使用波长的紫外辐射。

机载激光反导弹系统

美国空军机载激光（以下简称 ABL）试验机 YAL－1A 是波音 747－400F 运输机的改进，装载了最新研制的机载激光聚能武器，用于摧毁处于起飞助推段状态的战术弹道导弹，将敌导弹消灭在敌领空/领土上。ABL 是由空军发展实验室研制开发。目前该机正在进行各种试验工作。

◆YAL－1A

超高灵敏度跟踪激光器（被动测距系统，ARS）的新型吊舱已经安装到了 ABL 飞机上。机载激光器是一种机载的定向能武器系统，依靠机载传感器、激光器和复杂的光学器件来发现、跟踪和摧毁处于助推段或发射段的弹道导弹。机载激光器项目在 2004 年底之前投入使用。激光指示系统（BILL）已经由诺斯洛普·格鲁门公司开发完成，这种千瓦级的轻型指示系统只是用来指示目标，并测试当时当地的大气对激光的扭曲，并将扭曲的数据传给控制计算机，修正杀伤激光系统的发射。这种飞机在

◆监测机载激光器的控制系统

2006到2008年间开始批量生产。在2006年有3架ABL飞机服役，2008年服役飞机的总数达到7架。

2009年8月，空基激光反导系统（ABL）成功进行了试验，成功模拟拦截了一枚带有试验用传感器的靶弹。这对ABL项目来说是具有里程碑意义的成功。在试验中，波音747—400F载机从爱德华空军基地起飞，用其红外传感器探测到了从加利福尼亚圣－尼古拉斯群岛发射升空的靶弹。随后载机对目标进行了跟踪，并且指示跟踪，火控系统的激光标定装置发射激光束，对目标进行了照射跟踪，并测算了大气条件。随后ABL对目标系统模拟发射了高能激光束，成功模拟了导弹拦截。

反恐精英——“溪流”

俄罗斯发展非致命武器的步伐并不落后于美国。20世纪70年代，他们便利用刚研究成功的微波源，开始研究其对各种靶子的作用。冷战结束后也研制过一种致人失明的激光束武器。1994年，俄卫星曾在轨道上装了一面镜子，镜面反射在夜间掠过地球，从而使敌方失去夜幕的掩护，并改变了敌人的生物节律。

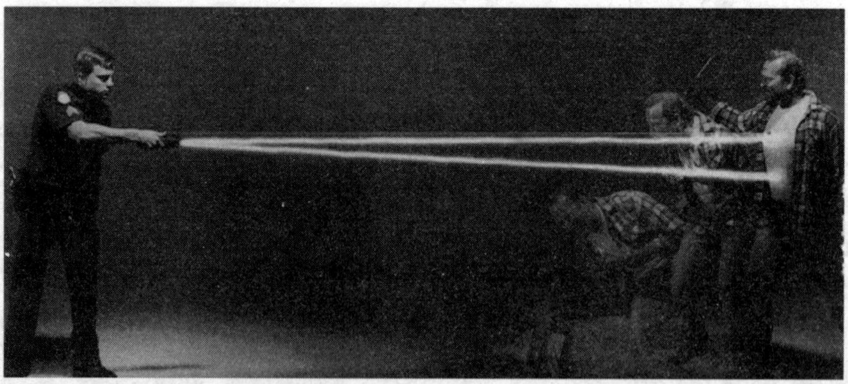

◆激光武器的作战特色在于利用发出的激光束迅速准确地使敌人致盲、迷惑和疼痛

2005年4月，俄罗斯还研制了另一种非致命激光武器，名叫“溪流”，可供警察或安全部队应付各种骚乱局势和恐怖事件。理论上用“溪流”击

倒目标只需1秒时间，但不会致人死亡或失明。这种武器比一般的类似武器更为小巧轻便，射程可达几百米，重量仅300克，长为15厘米。

拓展思考

1. 脉冲能量武器的原理是什么？
2. 激光束武器能导致怎样的后果？
3. 说说中国激光武器的发展。
4. 什么是“溪流”？它是一种怎样的武器？

的实验研究和理论分析，取得了令人满意的成果，提高了对激光破坏目标的认识。

中国的电子干扰机，能使 F－117 隐形飞机的激光制导、红外导弹完全失灵。神奇的激光武器随着美国星战计划重新登台，中国也在 1990 年重新开始了激光武器的研究。

拓展思考

1. 脉冲能量武器的原理是什么？
2. 激光束武器能导致怎样的后果？
3. 说说中国激光武器的发展。
4. 什么是“溪流”？它是一种怎样的武器？